探索与发现 **奥秘**
TANSUO YU FAXIAN AOMI

银河系的秘密

李华金◎主编

时代出版传媒股份有限公司
安徽美术出版社
全国百佳图书出版单位

图书在版编目（CIP）数据

银河系的秘密/李华金主编. —合肥：安徽美术出版社，2013.1（2021.11重印）（探索与发现. 奥秘）

ISBN 978－7－5398－4267－7

Ⅰ.①银… Ⅱ.①李… Ⅲ.①银河系－青年读物②银河系－少年读物 Ⅳ.①P156－49

中国版本图书馆 CIP 数据核字（2013）第 044161 号

探索与发现·奥秘
银河系的秘密
李华金 主编

出 版 人：王训海
责任编辑：倪雯莹
责任校对：张婷婷
封面设计：三棵树设计工作组
版式设计：李　超
责任印制：缪振光
出版发行：时代出版传媒股份有限公司
　　　　　安徽美术出版社（http://www.ahmscbs.com）
地　　址：合肥市政务文化新区翡翠路 1118 号出版传媒广场 14 层
邮　　编：230071
销售热线：0551-63533604　0551-63533690
印　　制：河北省三河市人民印务有限公司
开　　本：787mm×1092mm　1/16　印 张：14
版　　次：2013 年 4 月第 1 版　2021 年 11 月第 3 次印刷
书　　号：ISBN 978－7－5398－4267－7
定　　价：42.00 元

　　银河系是太阳系所在的恒星系统，包括一千二百亿颗恒星和大量的星团、星云，还有各种类型的星际气体和星际尘埃。它的总质量是太阳质量的 1 400 亿倍。银河系里大多数的恒星集中在一个扁球状的空间范围内，扁球的形状好像铁饼。扁球本中间突出的部分叫"核球"，半径约为 7 千光年。核球的中部叫"银核"，四周叫"银盘"。在银盘外面有一个更大的球形，那里星星数量少，密度小，称为"银晕"，直径约为 7 万光年。银晕外面还有银冕，它的物质分布大致呈球形。

　　银河系是一个旋涡星系，具有旋涡结构，即有一个银心和两个旋臂，旋臂相距 4 500 光年。其各部分的旋转速度和周期，依据距银心的远近而不同。太阳距银心约 2.3 万光年，以 220 ~ 250 千米 / 秒的速度绕银心运转，运转的周期约为 2.4 亿年。

CONTENTS

恒星世界

太阳系的起源和演化

宇 宙

　　宇宙是广袤空间和其中存在的各种天体以及弥漫物质的总称。宇宙是物质世界，它处于不断运动和发展的过程中。宇宙到底是什么样子？史蒂芬·霍金的观点比较让人容易接受：宇宙有限而无界，正如同地球，只不过比地球多了几维。我们都知道地球是有限的。地球如此，宇宙也如此。

◐ 宇宙起源

　　宇宙是广袤空间和其中存在的各种天体以及弥漫物质的总称。宇宙是物质世界，它处于不断地运动和发展的过程中。《淮南子·原道训》一书中就有提到过"宇宙是天地万物的总称，是空间与时间的总和"这一观点。千百年来，科学家们一直在探寻宇宙是什么时候、如何形成的。

　　这方面有许多神话传说，也有人提出了不少科学假说。

　　美国宇宙学家伽莫夫曾提出过一种新的观点，他认为宇宙曾有一段从密到稀、从热到冷，不断膨胀的过程。这个过程就好像是一次规模巨大的爆炸。简单来说，宇宙起源于一次大爆炸。"大爆炸宇宙论"是现代宇宙学中很著名、影响也很大的一种学说。

基本
小知识

宇　宙

　　宇宙是时间、物质和能量所构成的统一体，是一切空间和时间的综合。一般理解的宇宙是指我们所存在的一个时空连续系统，包括其间的所有物质、能量和事件。

　　大爆炸宇宙论把宇宙 200 亿年的演化过程分为 3 个阶段。第一个阶段是宇宙的极早期。那时爆发刚刚开始不久，宇宙处于一种极高温、高密度的状态，温度高达 100 亿℃以上。在这种条件下，不要说没有生命存在，就连地球、月球、太阳以及所有天体也都不存在，甚至没有任何化学元素存在。宇宙间只有中子、质子、电子、光子和中微子等一些基本粒子形态的物质。宇宙处在这个阶段的时间特别短，短到可以以秒来

宇宙爆炸模拟图

计算。

随着整个宇宙不断膨胀，温度很快下降。当温度降到 10 亿℃ 左右时，宇宙就进入了第二个阶段，化学元素就是这个时候开始形成的。在这一阶段，温度进一步下降到 100 万℃，这时，早期形成化学元素的过程就结束了。宇宙间的物质主要是质子、电子、光子和一些比较轻的原子核，光辐射依然很强，也依然没有星体存在。第二阶段大约经历了数千年。

当温度降到几千℃时，进入第三个阶段。200 亿年来的宇宙史以这个阶段的时间最长，至今我们仍生活在这一阶段中。由于温度的降低，辐射也逐步减弱。宇宙间充满了气态物质，这些气体逐渐凝聚成星云，再进一步形成各种各样的恒星系统，成为我们今天所熟知的宇宙世界。

"大爆炸理论"刚提出的时候，并没有受到人们广泛的赏识。但是，在它诞生以后的 70 余年中，不断得到了大量天文观测事实的支持。

例如，人们观测到河外天体有系统性的谱线红移，用多普勒效应来解释这种现象，红移就是宇宙膨胀的反映，这完全符合大爆炸理论。

根据大爆炸理论，今天的宇宙温度只有几 K（表示绝对零度 -273.16℃）。20 世纪 60 年代的 3K 宇宙背景辐射的发现，有力地支持了这一论点。

有了这些观测事实的支持，终于使"大爆炸理论"在关于宇宙起源的众多学说中，获得了"明星"的桂冠。

然而，"大爆炸宇宙论"也还存在一些未解决的难题，还有待于深入研究和取得更多的观测资料，才能得到进一步的结论。

➡️ 宇宙的样子

1916 年，爱因斯坦发表了著名的"广义相对论"。利用这一理论，科学家们解决了恒星的演化问题。而宇宙是否是静止的呢？对这一问题，连爱因斯坦也犯了一个大错误。他认为宇宙是静止的，然而，1929 年哈勃以不可辩驳的实验，证明了宇宙不是静止的，而是向外膨胀的。

宇宙到底是什么样子？目前尚无定论。值得一提的是，史蒂芬·霍金的观点比较让人容易接受：宇宙有限而无界，正如同地球，而宇宙只不过比地球多了几维。比如，我们的地球就是有限而无界的。在地球上，无论从南极走到北极，还是从北极走到南极，你始终不可能找到地球的边界，但你不能由此认为地球是无限的。实际上，我们都知道地球是有限的。地球如此，宇宙亦如此。

以我们日常生活的尺度来看，地球已是庞然大物，它的平均半径约 6 371 千米，乘飞机绕地球一圈也得几十个小时。太阳更是大得惊人，它的"肚子"里可以容纳 130 万个地球。然而，太阳却只是银河系大家庭中的普通一员，银河系里有着上千亿颗像太阳这样的恒星。天外有天，银河系之外还有数不清的像银河系一样庞大的天体大家庭——星系。借助于越来越先进的天文望远镜，我们可以看到越来越多、越来越远的天体。目前至少可以看到100 亿光年之外的天体，也就是说，我们目前所能观测到的宇宙大小至少超过 100 亿光年！然而，我们观测到的宇宙还只是真正宇宙的一部分，受到望远镜能力的限制，我们还看不到宇宙的全貌，还很难确定宇宙究竟有多大，更不用

拓展阅读

广义相对论

爱因斯坦的广义相对论在天体物理学中有着非常重要的应用：它直接推导出某些大质量恒星会终结为一个黑洞（时空中的某些区域发生极度的扭曲以至于连光都无法逸出）。有证据表明，恒星质量黑洞以及超大质量黑洞是某些天体，例如活动星系核和微类星体发射高强度辐射的直接成因。光线在引力场中的偏折会形成引力透镜现象，这使得人们能够观察到处于遥远位置的同一个天体的多个成像。广义相对论还预言了引力波的存在，引力波已经被间接观测到，而激光干涉引力波天文台也将直接观测引力波作为他们计划的目标。此外，广义相对论还是现代宇宙学膨胀宇宙论的理论基础。

说描述宇宙的模样了。

由此看来，我们的宇宙实在已经够大，远远超出我们的想象。但如果我们把宇宙定义成物理上可以理解的时间和空间的总和，它却并非无限大。天文观测表明，星系和星系之间都在彼此远离，而且距离越远，分离速度越快。这一现象，很像我们用力吹一个表面带花点的气球，当气球越吹越

大时，上面的花点也彼此离得越来越远。现代天文学研究揭示出，我们的宇宙就很像一个正在膨胀的气球。既然在膨胀，反推回去，它就应该在遥远的过去（至少 100 亿年以上）是一个点。所以，宇宙很可能诞生于一次超级规模的"大爆炸"，而从一个"点"中产生。虽然我们还不能确定宇宙究竟包含多少物质，但我们可以确定的是，它无论在时间和空间上都肯定不是无限的。

但是这样一个有限的宇宙，我们却永远找不到它的尽头在哪里。"宇宙没有边缘！"怎么理解这种奇怪的现象呢？还是借助那个膨胀的气球吧，假如我们变成一种没有厚度的二维扁虫（注意：在二维扁虫的眼中只有前后左右，而没有上下），那么我们在球面上无论怎么爬，都找不到哪儿是尽头，对于这样一个扁虫来说，气球面就是有限而无边的东西。现在回到立体世界来，由于宇宙物质的引力作用，爱因斯坦的广义相对论已经证明，我们的三维立体世界在宇宙尺度上也是和气球面一样是弯曲的（很难想象是吗？可事实如此），正因为时空的弯曲，如果我们有机会在宇宙中航行，也一样会遇到永远走不到尽头的现象，这就是"宇宙无边"最基本的含义。

拓展阅读

四维空间

四维空间是一个时空的概念。简单来说，任何具有四维的空间都可以被称为"四维空间"。不过，我们日常生活所提及的"四维空间"，大多数都是指爱因斯坦在他的广义相对论和狭义相对论中提及的"四维时空"概念。根据爱因斯坦的概念，我们的宇宙是由时间和空间构成。时空的关系，是在空间的结构上比普通三维空间的长、宽、高三条轴外又加了一条时间轴，而这条时间的轴是一条虚数值的轴。

自古以来，宇宙这个词汇就被定义为一切时间和空间的总和。世间万物都在宇宙中，它就是万有，它就是一切。

▶ 宇宙的中心

太阳是太阳系的中心，太阳系中，行星都围绕着太阳旋转。银河系也有中心，它周围所有的恒星也围绕着中心旋转。那么宇宙有中心吗？一个让所有的星系包围在中间的中心点。

看起来应该存在这样的中心，但是实际上它并不存在。因为宇宙的膨胀一般不发生在三维空间，而是发生在四维空间，它不仅包括普通三维空间（长度、宽度和高度），还包括第四维空间——时间。描述四维空间的膨胀是非常困难的，但是我们也许可以通过推断气球的膨胀来解释它。

我们可以假设宇宙是一个正在膨胀的气球，而星系是气球表面上的点，我们就住在这些点上。我们还可以假设星系不会离开气球的表面，只能沿着表面移动而不能进入气球内部或向外运动。从某种意义上可以说我们把自己描述为一个二维空间的人。

如果宇宙不断膨胀，也就是说气球的表面不断向外膨胀，则表面上的每个点彼此离得越来越远。其中，某一点上的某个人将会看到其他所有的点都在退行，而且离得越远的点退行的速度越快。

现在，假设我们要寻找气球表面上的点退行的地方，那么我们就会发现它已经不在气球表面上的二维空间了。气球的膨胀实际上是从内部的中心开始的，是在三维空间的，而我们是在二维空间上，所以我们不可能探测到三维空间内的事物。

同样，宇宙的膨胀不是在三维空间内开始的，而我们只能在宇宙的三维空间内运动。宇宙开始膨胀的地方是在过去的某个时间。虽然我们可以获得有关的信息，却无法重现。

形形色色的宇宙学说

　　"宇宙学"就是研究宇宙本身的学问，具体来说，是借助天文学、物理学、数学等手段研究宇宙结构与演化的一门自然科学。人类对宇宙起源和结构的关注可以追溯到人类文明的开端。在我国，有一个流传已久的古老传说——盘古开天辟地，讲的就是宇宙开始的故事：最初，天地呈混沌状，像一个鸡蛋，只有盘古在其中生存。过了不知多少年，这团混沌分开了，轻的和透明的部分就上升形成了天，重的和混浊的部分就下沉形成了地，盘古也屹立在天地之间。而天一日加高一丈，地一日变厚一丈，盘古也一日长大一丈。如此又经过了很多很多年，天变得极高，地也极厚，盘古也长得极大。各民族关于宇宙起源的传说都如出一辙，在此不细述。倒是各处对于宇宙的结构的看法众说纷纭，可谓仁者见仁、智者见智，让我们来了解一下这些看法吧。

天圆地方的 "盖天说"

"盖天说"是我国古代最早的宇宙结构学说。这一学说认为，天是圆形的，像一把张开的大伞覆盖在地上；地是方形的，像一个棋盘，日月星辰则像爬虫一样过往天空，因此这一学说又被称为"天圆地方说"。

趣味点击 "天圆地方说"

中国传统文化，博大精深，"阴阳学说"乃其核心和精髓。"阴阳学说"，具有朴素的辩证法色彩，是我国先哲们认识世界的思维方式，几千年的社会实践证明了它的正确性，"天圆地方"是这种学说的一种体现。

古人把天地未分、混沌初起之状称为太极，太极生两仪，就划出了阴阳，分出了天地。古人把由众多星体组成的茫茫宇宙称为"天"，把立足其间赖以生存的田土称为"地"，由于日月等天体都是在周而复始、永无休止地运动，好似一个闭合的圆周无始无终；而大地却静悄悄地在那里承载着我们，恰如一个方形的物体静止稳定，于是"天圆地方"的概念便由此产生。

"天圆地方说"虽然符合当时人们粗浅的观察常识，但实际上却很难自圆其说。比如，方形的地和圆形的天怎样连接起来？于是，"天圆地方说"又修改为：天并不与地相接，而是像一把大伞高悬在大地上空，中间有绳子缚住它的枢纽，四周还有八根柱子支撑着。但是，这八根柱子撑在什么地方呢？天盖的伞柄插在哪里？扯着大帐篷的绳子又拴在哪里？这些也都是"天圆地方说"无法回答的。

到了战国末期，新的"盖天说"诞生了。"新盖天说"认为，天像覆盖着的斗笠，地像盘子，天和地并不相交，天地之间相距八万里。盘子的最高点便是北极。太阳围绕北极旋转，太阳落下并不是落到地下面，而是到了我们看不见的地方，就像一个人举着火把跑远了，我们就看不到了一样。"新盖天说"不仅在认识上比"天圆地方说"前进了一大步，而且对古代数学和天文学的发展产生了重要的影响。

在"新盖天说"中，有一套很有趣的天高地远的数字和一张说明太阳运行规律的示意图——七衡六间图。古代许多圭表都是高八尺，这和"新盖天说"中的天地相距八万里有直接关系。

"盖天说"是一种原始的宇宙认识论，它对许多宇宙现象不能作出正确的解释，同时本身又存在许多漏洞。到了唐代，天文学家通过精确的测量，彻底否定了"盖天说"中"日影千旦差一寸"的说法后，"盖天说"就无立足之地了。

➭ "地球中心论" 的 "浑天说"

日月星辰东升西落，它们从哪里来，又到哪里去了呢？日月在东升以前和西落以后究竟停留在什么地方？这些问题一直使古人困惑不解。直到东汉时，著名的天文学家张衡提出了完整的"浑天说"，才使人们对这个问题的认识前进了一大步。

"浑天说"认为，天和地的关系就像鸡蛋中蛋白和蛋黄的关系一样，地被天包在当中。"浑天说"中天的形状，不像"盖天说"所说的那样是半球形的，而是一个南北短、东西长的椭圆球。大地也是一个球，这个球浮在水上，回旋漂荡；后来又有人认为地球是浮于气上的。不管怎么说，"浑天说"包含着朴素的"地动说"的萌芽。

"浑天说"模拟图

用"浑天说"来说明日月星辰的运行出没是相当简洁而自然的。"浑天说"认为，日月星辰都附着在天球上，白天，太阳升到我们面对的这边来，星星落到地球的背面去；到了夜晚，太阳落到地球的背面去，星星升上来。如此周而复始，便有了星辰日月的出没。

"浑天说"把地球当成宇宙的中心，这一点与盛行于欧洲古代的"地心说"不谋而合。不过，"浑天说"虽然认为日月星辰都附在一个坚固的天球上，但并不认为天球之外就一无所有了。而是说那里是未知的世界。这是"浑天说"比"地心说"高明的地方。

"浑天说"提出后，并未能立即取代"盖天说"，而是两家各执一端，争论不休。但是，在宇宙结构的认识上，"浑天说"显然要比"盖天说"进步得多，能更好地解释许多天文现象。

另一方面，"浑天说"手中有两大法宝：①当时最先进的观天仪——浑天仪，借助于它，浑天家可以用精确的观测事实来论证"浑天说"。在中国古代，依据这些观测事实而制定的历法具有相当的精度，这是"盖天说"所无法比拟的。②浑象，利用它可以形象地演示天体的运行，使人们不得不折服于"浑天说"的卓越思想，因此，"浑天说"逐渐取得了优势地位。到了唐代，天文学家一行人通过大地测量彻底否定了"盖天说"，使"浑天说"在中国古代天文领域称雄了上千年。

宇宙无限的 "宣夜说"

"宣夜说"是我国历史上最有卓见的宇宙无限论思想。它最早出现于战国时期，到汉代则已明确提出。"宣夜"是说天文学家们观测星辰常常喧闹到半夜还不睡觉。据此推想，"宣夜说"是天文学家们在对星辰日月的辛勤观察中得出的。

不论是中国古代的"盖天说""浑天说"，还是西方古代的"地心说"，乃至哥白尼的"日心说"，都把天看成一个坚硬的球壳，星星都固定在这个球壳上。"宣夜说"否定这种看法，认为宇宙是无限的，宇宙中充满着气体，所有天体都在气体中漂浮运动。星辰日月的运动规律是由它们各自的特性所决定的，绝没有坚硬的天球或是什么本轮、均轮来束缚它们。"宣夜说"打破了固体天球的观念，这在古代众多的宇宙学说中是非常难得的。这种宇宙无限的思想出现于 2 000 多年前，是非常可贵的。

另一方面，"宣夜说"创造了天体漂浮于气体中的理论，并且在它的进一步发展中认为连天体自身（包括遥远的恒星和银河）都是由气体组成的。这种十分令人惊异的思想，竟和现代天文学的许多结论相一致。

"宣夜说"不仅认为宇宙在空间上是无边无际的，而且还进一步提出宇宙在时间上也是无始无终的、无限的思想。它在人类认识史上写下了光辉的一页。可惜，"宣夜说"的卓越思想，在中国古代没有受到重视。

◐► 行星体系的 "地心说"

"地心说"是长期盛行于古代欧洲的宇宙学说。它最初由古希腊学者欧多克斯提出，后经亚里士多德、托勒密进一步发展而逐渐建立和完善起来。

托勒密认为，地球处于宇宙中心静止不动。从地球向外，依次有月球、水星、金星、太阳、火星、木星和土星，它们在各自的圆轨道上绕地球运转。其中，行星的运动要比太阳、月球复杂些：行星在本轮上运动，而本轮又沿均轮绕地球运行。在太阳、月球、行星之外，

拓展思考

亚里士多德

亚里士多德（前384—前322年），古希腊人，世界古代史上最伟大的哲学家、科学家和教育家之一。他是柏拉图的学生，亚历山大的老师。公元前335年，他在雅典办了一所叫吕克昂的学校，被称为逍遥学派。马克思曾称亚里士多德是古希腊哲学家中最博学的人物，恩格斯称他是古代的黑格尔。

是镶嵌着所有恒星的天球——恒星天。再外面，是推动天体运动的原动天。

"地心说"是世界上第一个行星体系模型。尽管它把地球当成宇宙中心是错误的，但是它的历史功绩不应抹杀。"地心说"承认地球是球形的，并把行星从恒星中区别出来，着眼于探索和揭示行星的运动规律，这标志着人类对宇宙认识的一大进步。"地心说"最重要的成就是运用数学计算行星的运行，托勒密还第一次提出"运行轨道"的概念，设计出了一个本轮—均轮模型。按照这个模型，人们能够对行星的运动进行定量计算，推测行星所在的位置，这是一个了不起的创造。在一定时期里，依据这个模型可以在一定程度上正确地预测天象，因而在生产实践中也起过一定的积极作用。

"地心说"中的本轮—均轮模型，毕竟是托勒密根据有限的观测资料拼凑出来的，他是通过人为地来规定本轮、均轮的大小及行星运行速度，才使这

个模型和实测结果取得一致。但是，到了中世纪后期，随着观测仪器的不断改进，行星位置和运动的测量越来越精确，观测到的行星实际位置同这个模型的计算结果的偏差，就逐渐显露出来了。

但是，信奉"地心说"的人们并没有认识到这是由于"地心说"本身的错误造成的，却用增加本轮的办法来补救"地心说"。起初这种办法还能勉强应付，后来小本轮增加到 80 多个，但仍不能精确地计算出行星的准确位置。这使人们不得不怀疑"地心说"的正确性了。到了 16 世纪，哥白尼在持日心地动观的古希腊先辈和同时代学者的基础上，终于创立了"日心说"。从此，"地心说"便逐渐被淘汰了。

▶ "太阳中心论" 的 "日心说"

1543 年，波兰天文学家哥白尼在临终时发表了一部具有历史意义的著作——《天体运行论》，完整地提出了"日心说"理论。这个理论体系认为，太阳是行星系统的中心，一切行星都绕太阳旋转。地球也是一颗行星，它一边像陀螺一样自转，一边又和其他行星一样围绕太阳转动。

哥白尼

"日心说"把宇宙的中心从地球挪向太阳，这看上去似乎很简单，实际上却是一项非凡的创举。哥白尼依据大量精确的观测材料，运用当时正在发展中的三角学的理论，分析了行星、太阳、地球之间的关系，计算了行星轨道的相对大小和倾角等，"安排"出一个比较和谐而有秩序的太阳系。这比起已经加到 80 多个圈的"地心说"，不仅在结构上优美和谐得多，而且计算简单。更重要的是，哥白尼的计算与实际观测资料能更好地吻合。因此，"日心说"最终代替了"地心说"。

哥白尼

尼古拉·哥白尼，1473 年出生于波兰。40 岁时，哥白尼提出了"日心说"，并经过长年的观察和计算完成他的伟大著作《天球运行论》。1533 年，60 岁的哥白尼在罗马进行了一系列的讲演，但直到他临近古稀之年才终于决定将它出版。1543 年 5 月 24 日，哥白尼去世的那一天才收到出版商寄来的一部他写的书。哥白尼的"日心说"沉重地打击了教会的宇宙观，这是唯物主义和唯心主义斗争的伟大胜利。哥白尼是欧洲文艺复兴时期的一位巨人。他用毕生的精力去研究天文学，为后世留下了宝贵的遗产。

在中世纪的欧洲，托勒密的"地心说"一直占有统治地位。因为"地心说"符合神权统治理论的需要，它与基督教会所渲染的"上帝创造了人，并把人置于宇宙中心"的说法不谋而合。如果有谁怀疑"地心说"，那就是亵渎神灵，大逆不道，要受到严厉制裁。"日心说"把地球从宇宙中心驱逐出去，显然违背了基督教义，为教会势力所不容。为了捍卫这一学说，不少仁人志士与黑暗的神权统治势力进行了斗争，付出了血的代价。意大利思想家布鲁诺，为了维护"日心说"，最终被教会用火活活烧死；意大利科学家伽利略，也因为支持"日心说"而被宗教法庭判处终身监禁；开普勒、牛顿等自然科学家，都为这场斗争作出重要贡献。

🔈 宇宙的命运

我们的太阳大约已存在了 46 亿年，作为恒星，它大致还能活 50 亿年。这只是一个普通的恒星，宇宙中有上十亿颗这样的恒星。这样的恒星不断地死亡，又不断地诞生。通过观察在宇宙早期诞生的类似恒星的残骸，我们可以相当准确地知道我们的太阳死亡时的情景。在大约 50 亿年间，我们的太阳将耗尽其中心的燃料氢。然后，它将开始收缩，并重新振作起来：其中的氢核将 3 个 3 个地聚合成 C^{12}，而这种新燃料将再燃烧 20 亿年。此时，当太阳继续存活时，地球已不再存在了。因为新燃料将使太阳变大 100 倍，地球将被这个红色的巨星吸收。最终，当氦转化为 C^{12} 的过程结束后，我们的太阳将再次收缩，变成一个暗淡的白矮星。再过几十亿年，白矮星将逐渐冷却下来，并最终变成一个被称为黑矮星的死星。

广角镜

中微子

中微子又叫微中子，是轻子的一种，是组成自然界的最基本的粒子之一，常用符号 ν 表示。中微子不带电，自旋为 $\frac{1}{2}$，质量非常轻（是电子的百万分之一），以接近光速运动。2011 年 11 月 20 日，科学家再次证明中微子速度超越光速。但欧洲核子研究中心表示在中微子速度超越光速这一结论被驳倒或者被证实前，还需要进行更多的实验观察和独立测试。

太阳发射出大量的中微子，这是由太阳中心核聚变产生的。它们像幽灵一样，是非常难以探测到的，但几个不同类型的实验都确认它们确实来自太阳，穿过地球以及我们的身体，然后进入太空。但是，它们的数目还不够。根据探测中微子的实验，$\frac{1}{3}$ ~ $\frac{1}{2}$ 太阳产生的中微子"失踪"了。不知何故，这些"偷走"能量的粒子在太阳和地球间"失踪"了一部分。

这个问题已存在几十年了。由于所有的证据都支持太阳的能量来自其中心的核聚变，故失踪中微子之谜最终将通过改进实验得到解决，而不会对现今流行的太阳模型提出挑战。然而，一些对宇宙怀有新观点的科学家强烈地反对演化理论，他们以失踪中微子作为论据，认为太阳能量并非来源于核聚变，因而太阳要年轻得多。年轻的太阳意味着年轻的地球，年轻得无需演化的概念。他们的论据被无数主流科学家大加批驳；许多的证据显示太阳确实已有 46 亿年了，且只过了其一生的 $\frac{1}{2}$ 时间，不论是否有失踪中微子这件事存在。

在太阳死亡之前，银河系将"吃掉"大麦哲伦星云，并将与仙女座发生猛烈撞击。大麦哲伦星云距我们只有 15 亿光年远，因引力作用而不断向银河系靠拢，在 30 亿年内将被银河系吞噬，给银河系增加 100 万颗恒星，它们在 7 亿年后的银河系和仙女座碰撞中有很大的作用。空间是浩瀚无边的，因而星系在碰撞过程中损失小得惊人。当然，一些恒星会相撞，这对于附近的行星而言非常可怕，但行星被撞的概率很小。

宇宙到底在膨胀还是在收缩，这是人们最近争论的焦点。毕竟，直到1925年哈勃发表了关于"宇宙岛"的文章后，我们才知道除了我们的银河系外还有其他的星系存在。当爱因斯坦发展广义相对论时，即便是他也假设宇宙中只存在一个星系，并且是静止的。然而当他的公式表明（一个星系的）宇宙应当膨胀时，他引入了宇宙常数以使宇宙不膨胀。一旦哈勃证明存在许多相互远离的星系，这意味着宇宙在膨胀。

有关膨胀宇宙的新观点也出现了。一些宇宙学家争辩道，宇宙可能现在正在膨胀，但最终它将停止膨胀，然后收缩。当人们在20世纪20年代后半期开始认真对待大爆炸理论，并于80年代普遍接受它时，许多科学家相信大爆炸产生的向外推动的能量最终将消失，宇宙膨胀将逐渐慢下来，停止，走向反面，所有的恒星和星系将向内收缩、挤压。宇宙收缩将再次使宇宙逐渐变得致密、炙热，最后变成包括宇宙中所有质量和能量的点。这又为下一次大爆炸做好了准备。这种观点的强有力支持者是美国物理学家惠勒。根据他的理论，这种过程循环往复。每次大爆炸产生的宇宙中的规律都完全不同，因为在量子层次上一个电子的轻微变动就足够改变万物的本性。

拓展阅读

黑　洞

黑洞是一种引力极强的天体，就连光也不能逃脱。当恒星的史瓦西半径小到一定程度时，就连垂直表面发射的光都无法逃逸了。这时恒星就变成了黑洞。说它"黑"，是指它就像宇宙中的无底洞，任何物质一旦掉进去，"似乎"就再不能逃出。由于黑洞中的光无法逃逸，所以我们无法直接观测到黑洞。然而，可以通过测量它对周围天体的作用和影响来间接观测或推测到它的存在。2011年12月，天文学家首次观测到黑洞"捕捉"星云的过程。

另一种观点认为，宇宙的这种循环演化看上去很好，但与我们的观察不一致，并且宇宙的终结将是个意义不大的命题。这种观点认为，宇宙将永远膨胀下去（宇宙最终将膨胀成完全真空，这使常人很困惑，但宇宙学家却很清楚)。当星系彼此之间越来越远时，产生新星系的碰撞将不会发生。星系间的寒冷的真空将越来越大，星系中的恒星将逐渐燃尽燃料，正像太阳一样。比我们的太阳大 1.4 倍的恒星将经历一个更剧烈而长期的死亡过程，但它们也将用光它们所有的能量。

在 1 万亿年后，在黑暗的宇宙中只存在死星和黑洞。即便这样，由于没完没了的引力作用，在大爆炸之后几百亿亿年后，宇宙将再一次进行"焰火表演"。这将持续约 10 亿年，还不到目前地球年龄的 $\frac{1}{4}$，然后经历一段难以想象的时间后，宇宙将彻底地黑暗、寒冷下去，连幸存的黑洞都消失了。这个过程将持续多久呢? 无穷尽，最后剩下的将是辐射和忽隐忽现的虚量子粒子。

银河系概况

　　银河系，又名天汉、天河。是太阳系所处的星系。因为它像一条流淌在天上闪闪发光的河流一样，故称银河。对北半球来说，夏季看到的银河（在天蝎座、人马座延伸至夏季大三角，甚至仙后座）最明显，冬季银河很黯淡。银河系的结构是怎样的，银河系又是怎样形成的呢？阅读本章，让我们去深入的了解银河系吧！

银河系的结构

　　银河系是太阳系所在的恒星系统，包括 1 200 亿颗恒星和大量的星团、星云，还有各种类型的星际气体和星际尘埃。恒星是构成银河系的主要天体，仔细分析恒星的位置和距离，得出各类恒星在银河系空间里的分布情况，可以描绘出银河系的结构；仔细分析各类恒星在空间里的运动情况，还可以看出银河系作为一个整体的运动轨迹。

　　在晴朗无月的夜晚，可以在恒星背景上看到一条银河。用望远镜看银河，可以看出它是由无数恒星聚在一起形成的。银河的存在表明，银河系的大部分恒星集中在一个扁圆的盘形空间里。如果我们能够从银河系外很远的地方来看银河系，那么，银河系看起来将和我们今天在望远镜里所看到的河外星系一样。当然，这要求我们在银河系外所处的地方是在银河系的对称面（银道面）上，这时我们看到的是银河系的侧影。如果我们所处的地方不是在银道面上，而是视线和银道面成六七十度的倾角，那么，我们看到的银河系将和仙女座大星云一样。仙女座大星云是离银河系最近的河外星系之一，和银河系差不多大，结构也很相似。

基本小知识

河外星系

　　河外星系，简称星系，是位于银河系之外、由几十亿至几千亿颗恒星、星云和星际物质组成的天体系统。目前已发现大约 10 亿个河外星系。银河系也只是一个普通的星系。人们估计河外星系的总数在千亿个以上，它们如同辽阔海洋中星罗棋布的岛屿，故也被称为"宇宙岛"。

　　100 多年来，经过许多天文工作者的反复研究，现在已经确定银河系的结构大致包括银盘、银晕、银核和旋臂几个部分。

◎ 银　盘

　　银盘直径约 10 万光年，厚度平均 6 000 光年。银盘的中部最厚，达 1 万光年左右；边缘较薄，太阳所在处厚度约为 5 000 光年。太阳离银河系中心约 33 000 光年，离银盘边缘 17 000 光年，所以是比较靠近边缘的。太阳很靠近银河系的对称面，在对称面之北且离对称面只有 26 光年。

◎ 银晕

银晕是一个以银河系中心为中心的大致球状部分，在其内恒星的空间密度（每单位体积内的恒星数）比银盘里小得多。事实上，银晕里恒星的空间密度是向外逐渐减小的，所以不容易定出银晕的边界。银晕的直径在 10 万光年以上。

◎ 银核

银河系的中心是在人马座方向，银河在人马座和天蝎座中间的部分最亮，恒星最多。在银河系中心部分，恒星的空间密度最大，形成了一个大致球状的核球，银核就在核球的中心，银核为扁球形，赤道半径约 30 光年，极半径约 20 光年。银核中心处又有一个更小的核中之核，称为内核心，半径只有 1 光年左右。在银核周围有一个又膨胀又旋转的环，其外径约 980 光年，宽约 230 光年；膨胀速度 130 千米/秒，旋转速度 50 千米/秒。银核发出一种同步加速辐射，在无线电波段、红外波段和 γ 射线波段都观测到了这种辐射。在银核周围还观测到好几

银河系中心部分——银核

个发出热辐射的射电源，它们很可能是主要由电离氢原子即质子所组成的电离气体云，而且很可能是从银核抛射出来的。

◎ 旋臂

银河系有 2 条（1 对）或许更多的旋臂。用光学方法可以在太阳之外观测到 2 段旋臂。其中一段相当大一部分在猎户座，叫猎户臂；另一段相当大一部分在英仙座，叫英仙臂。用射电天文方法还可以观测到旋臂的更多部分。

旋臂是星系的重要特征，它的起源一直到今天仍然是还未解决的问题。

旋 臂

旋涡星系和棒旋星系中的螺线形带状结构，主要由年轻亮星和星际介质构成。

在银河系里，既有许多如巨星、矮星、变星等单个出现的恒星，也有许多成双成对出现的恒星双星。除双星外，银河系中还可看到由两颗以上的恒星组成的聚星。由 10 个以上的恒星组成的星团也是银河系里的重要成员。

天文学家根据恒星的年龄大小不同，将银河系里的恒星分成两大星族：星族Ⅰ与星族Ⅱ。星族Ⅰ是一些年轻的恒星，多分布在银盘的旋臂附近，星族Ⅱ是一些年老的恒星，多聚集在银核及银晕中。

银河系里的星际气体和星际尘埃基本上都在银盘里，而且集中在银道面近旁，厚度只有 500 光年左右。气体平均密度为 2×10^{-24} 克/厘米^3，大部分聚成星际云。

对大量观测资料进行的分析表明，整个银河系在自转着，但自转速度因离银心距离的不同而不一样，对各个星族也不一样。在银河系中心部分，恒星密集，各点都具有同一个转动角速度，线速度和离银心的距离成正比。离开银心往外，自转速度的增加很慢，到离银心约 25 000 光年处，自转速度达到最大值，以后又减小。太阳所在处的自转速度是 250 千米/秒，太阳在大致正圆的轨道上绕银心转一周需要 2.5 亿年。在太阳外面，自转速度缓慢地减小。以上所说的是对各星族和各类恒星平均而言的转动情况。事实上，各星族的转动情况相差很多。星族Ⅰ恒星是在接近于正圆的椭圆轨道上绕银心转动，轨道面对银道面的倾角较小。星族Ⅱ恒星则在偏心率很大的椭圆轨道上绕银心转动，而且轨道面倾角很大，所以它们有时走到银心附近，有时走到离银心很远的地方。星族Ⅱ的这种运动情况，说明了星族Ⅱ恒星的球状分布，也是银河系中心部分星族Ⅱ恒星最多的一个原因。就公转情况来说，星族Ⅰ恒星就好比太阳系里的行星，而星族Ⅱ恒星好比彗星。

除了绕银心公转以外，由于彼此间的万有引力相互作用和形成时出现的一些原因，恒星彼此间也有相对运动，就像一个气团里的分子那样。相对于邻近的恒星，太阳以 19.5 千米/秒的速度朝武仙座里的一点运动着。

◀ 银河系的形成和演化

100 多亿年前，在本超星系团的靠近边缘的部分有一个很大的星际云，它在收缩中分成了 1 个大云和 2 个小云。大云就形成银河系，两个小云分别形成大麦哲伦云和小麦哲伦云。

> ### 知识小链接
>
> #### 麦哲伦
>
> 　　斐迪南·麦哲伦，葡萄牙人，为西班牙政府效力探险。1519～1521 年率领船队首次环航地球，死于菲律宾的部族冲突。虽然他没有亲自环球，他船上的水手在他死后继续向西航行，最终回到欧洲。

大云在收缩中成为球状，开始时内部密度比较均匀，由于湍流和其他原因，逐渐出现了一些密度较高的区域。这些区域就形成球状星团，数目有两三百个。收缩中，云的中心部分密度增加最快，逐渐形成一个中心密集区。受到这中心密集区的吸引，球状星团向它下落，围绕着中心密集部分（也就是围绕银河系的中心——银心）在偏心率很大而且对银道面倾角也很大的椭圆轨道上转动起来，球状星团原来形成的地方就是它的椭圆轨道的远银点（轨道上离银心最远的一点）。随着这个大云的收缩，内部运动渐趋一致，有一个转动方向渐渐占了上风，正且由于角动量守恒，转动加快。尚未形成恒星的小云互相碰撞，损失能量，变为银盘，盘内逐渐形成了包括盘星族恒星和中介星族 I 恒星（包括太阳）在内的大量恒星，它们都在大致圆形的轨道上绕银心转动。在此之前，球状星团中那些质量较大的成员星已经演化到了晚期，它们通过爆发把自己内部的重元素抛到星际空间。因为盘星族和星族 I 的恒星是由加进了不少重元素的星际物质形成的，所以它们都含有较多的重元素。有一部分球状星团会瓦解，它们的成员星就成为单独存在的星族 II 恒星，我们今天观测到的球状星团的成员星也都是星族 II 的恒星。星族 II 恒星的质量都比较小，和太阳质量相差不多。这是因为，那些质量较大的星族II恒星由于演化较快，抛射出大量物质后已经变成了中子星或黑洞，剩下的就只有质量小的恒星了。随着银河系中心部分物质密集程度的增加，对星族II恒星的吸引增强，星族II恒星的运动轨道变小。今天观测到的星族II恒星的运动轨道比原来的轨道小了不少。在银河系的核心部分，恒星高度密集，恒星之间常常会彼此碰撞，甚至会有两个恒星合成一个的，这就加快了演化速度。所以，在银河系的核心部分常常会出现超新星爆发，形成大大小小的黑洞，而且小的黑洞还会合成大的黑洞。随着演化的进行，银河系的核心部分还形成了一个大小约 20 光年×30 光年的银核，它发出很强的无线电辐射。在这个区域内部，恒星更加密集，而且其中心有一个大小约 2 光年（或更小）的核心，这可能是一团磁场很强、转动很快、密度比较大的等离子体（磁轴和自转轴不一致）。银核已发生过不只一次的活动，在银核周围观测到的那许多射电源，就是银核活动时抛出的电离气体云（主要由质子和电子组成），它们不断发出热辐射。今天观测到的高银纬云，则可能是银核在 1 300 万年前一次较厉害的活动中抛射出来的。形成旋臂的物质，也很可能至少有一部分是从银核抛射出来的。在旋臂里，形成的是极端星族I的恒星，这包括 O 型和 B 型星、金牛 T 型星、星协以及银河星团星际气体和尘埃。

基本小知识

磁 场

　　磁场是一种看不见也摸不着的特殊物质，它具有波粒的辐射特性。磁体存在磁场，磁体间的相互作用就是以磁场作为媒介的。电流、运动电荷、磁体或变化电场周围空间存在的一种特殊形态的物质。由于磁体的磁性来源于电流，电流是电荷的运动，因而概括地说，磁场是由运动电荷或电场的变化而产生的。

▶ 星系的分类

　　在康德（德国哲学家，最先提出太阳系"星云形成说"）的时代，人们就已经知道了当时的望远镜所能看到的云雾状天体，即星云，也注意到星云具有不同的形状。随着望远镜直径的增大和质量的改进，各种星云的不同形态看得越来越清楚，尤其是有旋臂的漩涡星系特别引人注目。到了 19 世纪末，列成表的星云已超过 1 万个。早在 18 世纪中叶，康德、瑞登堡和莱特三个人，都认为银河系不是宇宙间唯一的天体系统，许多星云可能是银河系以外的恒星集团。后来，这种观点被许多人所接受。孤立于银河系以外辽阔空间里的一个

拓展阅读

康　德

伊曼努尔·康德（1724—1804 年）德国哲学家、天文学家，"星云说"的创立者之一、德国古典哲学的创始人，唯心主义、不可知论者，德国古典美学的奠定者。他被认为是对现代欧洲最具影响力的思想家之一，也是启蒙运动最后一位主要哲学家。

个的天体系统被称为岛宇宙。但是，也有许多人反对岛宇宙的观点，认为星云是云，而不是恒星系统，它们基本上都在银河系里面，即使有一部分星云位于银河系以外，它们也不是由恒星组成的。两种对立观点的争论持续了 100 多年，到 19 世纪初，这种争论达到了高潮。理论的基础是实践，理论是否正确只能通过实践来加以检验。1885 年在仙女座大星云上面出现了一个超新星，

仙女座大星云

当时没有引起人们的注意。1917 年，在星云 NGG 6946 上面又出现了一个新星。以后在其他星云里也看到了新星。这才使人们认识到，这些新星不是出现在从星云到观测者之间的半路上，而是恰好出现在星云里面。假定光极大时新星的光度和银河系里的新星一样，那么就可以计算出有新星出现的那个星云的距离。算出的距离比银河系的直径大得多，这表示这些星云位于银河系之外。19 世纪 20 年代在仙女座大星云（M31）里发现了造父变星，利用这种变星定出了仙女座大星云的距离，再次肯定了它是在银河系以外。不久，在这个星云和其他几个星云的照片上，在这些星云的边缘部分，

又分辨出恒星来，进一步肯定了它们是河外星系。这样就清楚了，星云有本质完全不同的两类：①在银河系以内，称为银河星云，它们不是由恒星组成的，而是比较密集的星际弥漫物质；②在银河系以外，称为河外星云，是由大量恒星和类似"银河星云"的星云以及其他天体组成的庞大天体系统，是河外星系。目前光学望远镜能观测到的河外星系约 10 亿个。

星系集团

绝大多数的星系组成了大大小小的集团。两个星系在一起，形成双重星系，相当于双星。3 个到 6、7 个聚在一起，形成多重星系，相当于聚星。十几个、几十个聚在一起，但没有向一个中心集聚的，称为星系群。上百个到上万个星系组成的集团称为星系团，相当于星团。由 1 个或几个星系团加上一些星系群和好些孤立的星系所组成的星系集团，称为超星系团。

哈勃望远镜拍摄到的大麦哲伦云

银河系和其他 20 多个星系组成了本星系群。离银河系最近的河外星系是大麦哲伦云和小麦哲伦云。这两个星系都在南半天球，离南天极只有 20°左右，我国在南沙群岛地区可以看到。16 世纪葡萄牙探险家麦哲伦乘船到了南美洲南端时看到了这两个"云"在离天顶不远处，他对它们作出了精确的描述，所以它们被命名为麦哲伦云。20 世纪天文学家利用这两个云里的造父变星定出了它们的距离，确定了它们位于银河系以外，都是河外星系，

你知道吗

双重星系

双重星系指两个星系组成的集团。粗略分远距双重星系、相互作用星系和碰撞星系，可包括各类星系。M₅₁系是著名的相互作用星系。

但比银河系小得多。大麦哲伦云的距离是 16.9 万光年，小麦哲伦云 19.5 万光年，所以它们离银河系边界不远。它们和银河系，还有 8 个小的星系，一起组成了一个小的星系群。仙女座大星云 M31 和离它不远的 4 个椭圆星系，还有 4 个小的星系一起组成了另一个小的星系群。上述 20 个星系都是本星系群的成员，此外还有几个成员。本星系群的直径约 500 万光年。

☛ 星系的大小、质量和光度

把本星系群里 20 多个星系的大小、质量和光度加以比较，可以看出星系在大小、质量和光度方面都相差很多。本星系群里只有 2 个大的星系，就是银河系和 M31。前者的直径约 3 万秒差距（天文学单位，1 秒差距 = 3.2616 光年），后者约 2.4 万秒差距。第三大的是大麦云，直径 7 000 秒差距；第四大的是 M33，直径 6 000 秒差距。其他成员的直径都不超过 3 000 秒差距，有些小到只有一二百秒差距。

星系的质量主要是利用自转资料推算出来的。银河系的质量就是这样定出的，等于 1.7×10^{11} 太阳质量，也就是 3.4×10^{44} 克。在本星系群里，M31 的质量最大，等于 1.9×10^{11} 太阳质量。大麦云和 M33 的质量数量级是 10^{10} 太阳质量，M32、小麦云、NGC147、NGG185 和 NGG205 的质量数量级是 10^9 太阳质量，其余都小于 10^9 太阳质量。最小的星系的质量只有 10^5 太阳质量，和球状星团差不多。

知识小链接

星系的质量

物质都有质量和密度。星系质量指星系包含的物质总量，星系的密度指星系所占空间中单位体积内的物质量。

通过观测 CO 分子的亮温度，可以得到其柱密度，由柱密度和角面积以及星系到地球的面积经过和 H_2 分子的转化得到星系的分子气体质量。类似的道理，测到 HI 的质量，相加就得到总气体质量。

利用双重星系两个成员互相绕转的数据也可以定出某一组星系的平均质

量，这同测定双星质量的原理类似。1959 年，有人利用 65 个双重星系的转动数据定出 45 个 E 系和 S0 系的平均质量为 4×10^{11} 太阳质量，20 个 S 系和 Ir 系的平均质量为 3×10^{10} 太阳质量。

星系的大小、质量和星系的类型没有直接的关系，各类型星系中都有直径和质量大的，也有直径和质量小的。椭圆星系的质量范围最大，从 10^5 到 10^{13} 太阳质量。

星系在望远镜里看来不是一个点，而是有一定的面积和形状，有的呈圆形，有的呈椭圆形，有的很扁，有的还有旋臂。把星系视面上各部分的光加起来，就得到所谓累积亮度和累积星等。M31 的累积目视视星等是 +3.5，累积目视绝对星等是 −21.1，所以它的累积光度等于太阳光度的 2.4×10^{10} 倍。银河系的累积亮度很难测定，但也估计出它的累积绝对星等为 −20.5，累积光度为太阳光度的 1.4×10^{10} 倍，比 M31 小些。累积光度大于 10^{10} 太阳光度的称为超巨星系；累积光度在 $10^8 \sim 10^{10}$ 太阳光度的是巨星系；$10^6 \sim 10^8$ 太阳光度的是中型星系；$10^4 \sim 10^6$ 太阳光度的是矮星系；$10^2 \sim 10^4$ 太阳光度的是微弱星系。这五类星系的平均累积绝对星等分别为 $-22^m 0$，$-20^m 0$，$-16^m 0$，$-11^m 0$ 和 $-6^m 5$。每类星系内的平均恒星数目分别为 10^{11}、10^{10}、10^6 和 10^4。这表示星系在大小、质量、光度和所包含的恒星数目等方面差别都很大。

质量和光度的比率称为质光比，它是星系研究中的一个重要的量。特别值得注意的是，椭圆星系和 S0 系的质光比比漩涡星系和不规则星系的大好几倍。E 系和 S0 系的平均质光比为 30，Sa 系为 7，Sb 为 4，Sc 为 2，Ir 为 4。

星系核活动

在后发星系团的中部有一个 E 型超巨星系 M87，也就是 NGG4486。在露光时间较短的照片上，我们可以看到有一发亮的长条从它的核心部分延伸出去，颜色很蓝，累积绝对星等达到 −14 等，相当于一个小的星系。在这个长条形伸出物的两端之外还有 2 个小的圆形的东西，和长条成一直线。这 3 个客体一定都是由星系的核抛出去的。1967 年，又发现在该星系核的另一边，和上述 3 个抛出物正相反的方向，还有一个小的抛出物，并且在延长线上有 6 ~ 7 个星系。这些星系有可能也是由 M87 的核所抛出的物质形成的。抛出很大的一块或几块物质，这是星系核活动的一种形式。

星系核活动的另一种形式，是朝沿短轴方向抛射物质。在大熊座里有一个不规则星系 M82（即 NGG3034），过去用混合光（白光）拍照，没有发现抛射。到 1963 年，有人改用单色光拍照，用和中性氢气体所产生的红色谱线相同波长的红光拍照，发现这个星系的核于 150 万年前发生过一次规模巨大的爆炸。M82 星系核以 1 000 千米/秒的速度沿短轴方向抛出了质量等于 5.6×10^6 太阳质量的物质，并发出磁阻尼辐射，成为一个射电源。类似的爆发在其他一些星系上面也发现了，有的比 M82 更加厉害。例如飞马座星系团里光度最大的星系 NGG1275，曾经发生过一次比 M82 还强烈的大爆发，抛出物质的速度超过 3 000 千米/秒。

基本小知识 🖐

星系核

星系核是星系中心质量密集的区域，由大量的恒星、等离子体和高能粒子等组成。星系核有宁静星系核和活动星系核两种。宁静星系核中有各种光谱型的恒星，可能还存在中子星、白矮星等致密星。宁静星系核常产生幂律谱形式的射电辐射。活动星系核具有剧烈活动现象，一般认为它的核心是一个黑洞，存在吸引力和喷流，还会发生星系核爆发。星系核爆发是宇宙中最壮观的天文现象之一。

银河系的银核今天虽然相当宁静，但在演化史上它也曾经过银核活动厉害的阶段。根据几方面的观测资料判断，银核于 1 300 万年前发生过一次不算大也不算小的爆炸，在 100 万年时间内抛出不少物质。今天，在离银道面较远处（高银纬处）观测到了好些个气云，它们的运动速度在 100 千米/秒左右，有的正离开银道面，有的正接近银道面。这些气云有可能是银核在那次爆发中抛出的，有的还在离开银核，有的已落回银核。在银心方向，离银心约 3 000 秒差距处（离太阳 7 000 秒差距）发现了一团物质，过去人们以为它是银河系的一条旋臂的一部分，由于从太阳看来它在人马座方向，因而被称为人马臂。现在人们认为，它不是旋臂，而是于 1 300 万年前银核爆发时抛出的一团物质，它正好朝太阳方向走过来，由于速度不大，到现在还没走到太阳。

恒星世界

　　恒星是由炽热气体组成的，是能自己发光的球状或类球状天体。由于恒星离我们太远，不借助于特殊工具和方法，很难发现它们在天上的位置变化，因此古代人认为它们是固定不动的星体。我们所处的太阳系的主星太阳就是一颗恒星。

　　恒星都是气体星球。晴朗无月的夜晚，且无光污染的地区，一般人用肉眼大约可以看到6 000多颗恒星。借助于望远镜，则可以看到几十万乃至几百万颗以上。估计银河系中的恒星大约有1 500～2 000亿颗。

运动的恒星

晴朗无月光的夜晚里，满天是闪烁着的星星，好比"青石板上钉铜钉，千颗万颗数不清"。真的数不清吗？不是的，直接用眼睛看，同时看得到的星星是数得出来的，有 3 000 颗左右。

任何时候人们只能看到天空的 $\frac{1}{2}$，所以整个天空上人眼能直接看到的星星约 6 000 颗。这 6 000 颗星星的绝大部分是自己发光的恒星，只有 5 颗是自己不发光的行星，就是金星、木星、水星、火星、土星这 5 颗行星。还有好几个星星，看上去比较模糊不清。

七姊妹星团

用望远镜看，就看出它们或者是星云，例如猎户座三星之下"宝剑"处的猎户座星云；或者是由几百到几万颗恒星组成的星团，例如在金牛座里的昴星团，在我国也称为"七姊妹星团"；或者是位于银河系以外非常遥远处的河外星系，例如仙女座里的星系。

恒星是最重要的一类天体。"恒星"这个名词对这类天体严格说来是不合适的。本来，"恒"是和行星的"行"相对而言的。行星和地球一样绕太阳转动，由地球上的人们看来，行星相对于恒星，背景在不断地移动着。可是，恒星的相对位置在长时间内却总是那样，星座的形状长时间也不改变。例如"狮子座"这个星座的名字就是古时候的人起的，因为该星座内较亮的恒星组成了狮子的形状。在春季夜晚，向正南方天空望去，总可以看到狮子座。但是，如果时间再长些，或者通过精密测量，就可以看出，恒星的相对位置也在改变着，看起来改变得慢，是因为恒星离我们比行星离我们远很多。今天我们知道，恒星既非不动，也非永恒不变，恒星和其他类型的天体一样，和自然界其他任何物质客体一样，都在不断地运动和演化。

🔭 恒星的距离

　　几百年前，哥白尼就认为，恒星离我们比太阳离我们远得多，他甚至在相隔 6 个月的两段时间内测定过同一颗恒星的方位，企图定出这颗恒星的距离。他所用的方法同地上用三角测量法定距离是一样的道理。由于哥白尼所用的仪器不够精密，他未能成功。到了 1837 年，人们才第一次成功地用三角测量法定出恒星的距离。到现在，已经用这种方法定出了约 1 万颗恒星的距离。除了三角测量法以外，后来又发现了一些其他方法，可用来定出恒星的距离，但三角法是最基本的方法。恒星的距离是研究恒星史的重要资料，知道了距离才能够把观测到的视亮度换算成真亮度，才能够推断出恒星在它所属的恒星集团（星团、银河系、河外星系）里是如何分布的。太阳是一个恒星，它看起来比其他恒星大得多，因为它离我们比其他恒星离我们近得多。除太阳以外最近的恒星半人马座里与邻星的距离是 4.28 光年，等于太阳距离的 27 万倍。银河系里离我们最远的恒星的距离在 10 万光年左右。

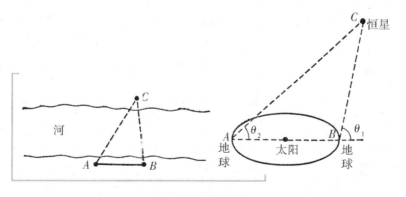

三角法测定恒星距离

恒星的质量

除了距离以外，另一个重要数据是质量。测定恒星质量比测定距离还要困难。太阳的质量，用行星公转的数据可以计算出来。在行星轨道的每一点上，太阳对行星的吸引力等于由于公转而作用于行星的惯性离心力。利用这个关系，就可以从行星的公转周期和轨道半长径算出太阳和行星的质量和。地球的质量可以用实验方法测定出来，约为 5.976×10^{24} 千克；它的公转周期 p 等于 1 年，轨道半长径 a 等于 1 个天文单位。这样，我们就可以算出太阳的质量，结果是 1.990×10^{30} 千克，约等于地球质量的 33 万倍。

知识小链接

恒星的质量

恒星的物理量是恒星结构和演化的决定因素。利用双星的轨道运动是确定恒星质量最根本、最可靠的方法。计算给出恒星的质量下限为 0.08 太阳质量。再小一点的星也能形成，但其中央温度不高，不能开动核反应，只能靠引力收缩释放能量，没有发现质量低于 0.08 太阳质量的主序星。

双星是互相绕转的一对恒星。恒星中约有 $\frac{1}{3}$ 是双星。上述测定太阳质量的方法也可以应用于双星质量的测定，这是测定恒星质量的唯一直接方法，此外还有一些间接的方法。虽然观测到的列成表的双星有好几万个。但距离已知又能准确地定出 a 和 p 的双星并不多，只以百计。

太阳的质量在恒星中只算是中等。恒星的质量有大到太阳的五六十倍的，也有小到太阳的二三十分之一的。大部分恒星的质量是太阳质量的 0.4 ~ 4 倍。

🔎 恒星的大小和密度

　　直接测定恒星的直径是很困难的，因为恒星离我们很远，用大望远镜观测它，还只是一个光点，不像行星那样呈现一个圆面。不过，天文工作者还是利用光线干涉的方法和其他方法测定出了不少恒星的半径。主序星（即主星序的恒星）的半径从太阳半径（696 000千米）的几分之一到几十倍。超巨星的半径比太阳大几百倍，甚至超过1 000倍。例如剑鱼座S星的半径为太阳的1 400倍，体积为太阳的30亿倍。另一方面，白矮星和中子星的半径则很小，从太阳半径的几十分之一到几万分之一。

拓展阅读

密　度

　　密度是反映物质特性的物理量，物质的特性是指物质本身具有的而又能相互区别的一种性质，人们往往感觉密度大的物质"重"，密度小的物质"轻"一些，这里的"重"和"轻"实质上指的是密度的大小。

　　质量是物体所含物质的多少。所含物质减少，所以质量减少。密度是物质的一种特性，它不随质量、体积的改变而改变，同种物质的密度不变。

　　平均密度等于体积除以质量。由于大小悬殊，所以恒星的密度也相差很多。太阳的平均密度是水的1.409倍，主序星的平均密度为太阳的0.1～10倍。红超巨星的平均密度都比水小100万倍以上，比地球表面附近的空气密度还小好几万倍。另一方面，白矮星和中子星的密度则非常大。

🔎 恒星的光度

　　恒星的亮度相差很多。最亮的恒星——天狼星的亮度比肉眼勉强能看到的恒星的亮度大1 000倍，而用大望远镜可以看到比肉眼刚可以看到的暗星还暗弱几十万倍的恒星。知道了距离后，可以把视亮度换算为真实亮度或发光能力，称为光度。光度就是恒星每秒向四面八方发出的辐射总能量，常以太阳的光度为单位。恒星的光度也相差很多，有大到太阳的几十万倍的，也有小到太阳的几十万分之一的。

对于光度，可以定义光度级这样的量；对于亮度，也可以有亮度级。在天文工作中，一般以星等来表示光度级和亮度级。星等定义为光度或亮度的常用对数乘上 -2.5。亮度级称为视星等，光度级称为绝对星等。太阳总辐射（所有波段的辐射都包括在内）的光度等于 3.826×10^{33} 尔格/秒，即 9.14×10^{25} 卡/秒，视星等为 -26.82，绝对星等为 $+4.75$。天狼星的视星等为 -1.43，绝对星等为 $+1.4$。绝对星等每差 5 等，光度差 100 倍。由于乘上 -2.5 这个负数，所以光度级（绝对星等）越小，光度越大。

恒星的颜色和光谱型

除了亮度，恒星在颜色方面也有不同。有一些亮星很红，像火星那样。著名的例子是猎户座 a 星（中文名参宿四）和天蝎座 a 星（中文名心宿二，也称大火，有时也称商星），猎户座是冬季夜晚里容易看到的星座，有 7 个很亮的恒星。古希腊人觉得这个星座里的亮星的构图像一个猎人。参宿四和参宿五是猎人的肩膀，中间 3 个星是腰带，下面两个星是膝盖，腰带下几个星

光 谱

光谱是复色光经过色散系统（如棱镜、光栅）分光后，被色散开的单色光按波长（或频率）大小而依次排列的图案，全称为光学频谱。光谱中最大的一部分可见光谱是电磁波谱中人眼可见的一部分，在这个波长范围内的电磁辐射被称作可见光。光谱并没有包含人类大脑视觉所能区别的所有颜色，譬如褐色和粉红色。

是宝剑，猎户座大星云就在宝剑里。天蝎座是夏季正南方天空中最显著的星座，较亮的恒星组成了一条蝎子虫的形状。头上有各由 3 颗星组成的两组星，连线互相垂直。水平方向那 3 颗星中，中间那一颗就是星宿二，是星座中最亮的星。这颗星又很红，像火星那样，所以叫大火。我国古代有一个时期，人们就是靠观测这个星的位置来定季节时令，当时设有"火正"这样的职位，

其任务就是专门观测大火。猎户座 7 个亮星中，有 6 个是蓝白色的，只有参宿四是红色，很突出。唐代诗人杜甫有一首诗，头两句是"人生不相见，动如参与商"，其中参就是猎户座，商就是天蝎座 a 星。按照古书《左传》记载的说法，参和商是一对兄弟，由于结下了冤仇，彼此不见面。这两个星座在天空遥遥相对，天蝎座在西边落到地平线下以后，猎户座才由东边升上来。

大家知道，太阳光是由紫、蓝、青、绿、黄、橙、红等颜色的光混合成的，把太阳光分解为组成它的各种颜色的光，就得到了太阳的所谓光谱。太阳光谱是于 1666 年发现的，到 1870 年才开始拍摄、研究恒星的光谱。那时才发现，恒星的光谱相差很多。例如，参宿四的光谱和太阳的光谱就相差很多，这两个光谱又和牵牛星、织女星的光谱不一样。参宿四的光谱和心宿二的光谱则很相同。人们很快就认识到，颜色相同的恒星，光谱也相同，颜色和光谱主要反映了恒星的表面温度。把一块铁烧热，烧到一定温度，它就变成红色，烧得再热，就由红色变成黄色，然后白色、蓝色。蓝星的表面温度最高，红星的表面温度最低。

▶ 变　星

恒星运动的一种表现就是变星的存在。恒星在它的一生中，光度总是要变化的。变星是指在不长时间（从几十年、上百年到一天）内就可以看出其光度变化的恒星。太阳不是变星，因为人们从开始观测它以来尚未发现它的亮度有看得出来的变化。变星的光度变化原因是这些星在进行着周期性的膨胀和收缩，即在"脉动"着，脉动周期有短到只有 1 个多小时的，也有长到两三年的。这类变星称为脉动变星。另一类变星的光度变化很剧烈，有的在几天之内光度就猛增几万倍，这一类变星称为爆发性变星。变星和天体史研究关系很密切。下面简要描述一下两类脉动变星和 3 类爆发性变星，它们都和恒星的演化有密切关系。

▶ ◎ 造父变星

造父变星是最著名的脉动变星。它的典型代表是仙王座星，因为中文名是造父，所以这类变星叫作造父变星。造父变星的光变幅（光度变化的幅度）

从 0.1～2 星等，光谱型从 F 型到 K 型都有，光变周期从 1.5～80 天。周期越长，光度越大。例如，周期 1.5 天的，绝对星等为 –2.1；周期 30 天的，绝对星等为 –2.9。这个关系称为周光关系，可以利用它来定出造父变星所在的那个天体系统（星团、星系）的距离，所以造父变星被称为"量天尺"。近年来，恒星演化研究中的一个重大发现，就是确定了脉动变星是恒星演化的一个阶段。

◎ 天琴 RR 型变星

天琴 RR 型变星和造父变星的不同在于：①光变周期较短，从 0.05 天（1.2 小时）到 1.5 天。②光谱型较早，都是 A 型。③光变幅较小，不超过半等。④光度较小。造父变星的绝对星等都等于或小于 –2.1，即光度为太阳的 590 倍以上，周期越长，光度越大。天琴 RR 型变星的绝对星等几乎都是 +0.5，光度为太阳的 98 倍，彼此间光度的差别很小，因此天琴 RR 型变星也可以当作"量天尺"使用。因为光度知道了，只要量出视亮度，就可以算出距离来。⑤空间分布大不一样。造父变星集中于银河系的赤道面（银道面）附近，天琴 RR 型变星则大多离银道面很远。

◎ 新 星

新星是爆发型变星。我国历代史书里有不少关于客星的记载。在某一星宿里突然出现了一个原来没有的星，就称为"客星"，好比外来的客人，有时也叫星孛。早在殷代甲骨卜辞里就有这种记载。西方观测到并记录下来的第一个新星就是这一个。新星实际上并不新，而是很旧很老的，是恒星演化到后期由于某种原因发生爆发。爆发时抛出大量物质，光度在几天内增加几万倍甚至几百万倍，以后光度又缓慢下降。爆发更猛烈的则成为超新星。

银河系里已发现的新星超过 170 个，这还不包括几种爆发没有新星猛烈，但爆发不止一次的爆发性变星。例如已发现了 10 个再发新星，每过几年到几十年就爆发一次，光度增加几十到几百倍。还有双子 u 型星，每几个月就爆发一次，光度增加几倍到 100 多倍。

◎ 超新星

超新星的爆发比新星猛烈得多，光度增加上千万倍到超过 1 亿倍，达到

超新星爆发

太阳光度的 10 亿倍以上。很多超新星爆发后完全瓦解为碎片、气团，不再是恒星了。只有少数的超新星留下了残骸（质量比原来小得多的恒星）和在它周围向外膨胀着的星云。金牛座里的蟹状星云就是这样一个天体，它是目前被研究得最多的一个天体。在星云的中心部分有一个不太亮的恒星，它就是超新星爆发后的残骸。星云目前以 1 300 千米/秒的速度膨胀着。超新星爆发时抛射物质的速度是 1 万千米/秒左右（新星是每秒几十、几百，最多 2 000 多千米/秒），1972 年在一个河外星系里出现的一个超新星，抛射物质的速度达到 2 万千米/秒。

银河系里被人们观测到并记录下来，确定为超新星的只有 7 个，它们分别是公元 185 年、393 年、1006 年、1054 年、1181 年、1572 年和 1604 年出现的超新星。其中 1054 年出现的就是形成蟹状星云的那个超新星，我国宋代史书里对这颗超新星的出现有详细地记载。此外，在银河系里有 10 几个无线电辐射很强的天体，称为射电源，它们有的只是星云，有的是一组向四面八方飞奔的碎片，很可能是超新星的遗迹。估计银河系里平均每 50 年左右出现 1 个超新星。

新星、超新星对天体演化研究之所以重要，是因为它们或它们的大部分，是恒星演化的一个阶段。

◎ 金牛 T 型变星

金牛 T 型变星是到 1945 年才开始发现的一类变星。它有下列几个特点：①光度变化不规则，没有固定的周期，光变幅也不固定，一般是两三等。②光谱有发射线，其强度随着光度变化而变化。光谱的紫外

拓展思考

锂

锂，金属元素，元素符号 Li，原子序数 3。银白色，质软，是密度最小的金属。用于原子反应堆、制轻合金及电池等。

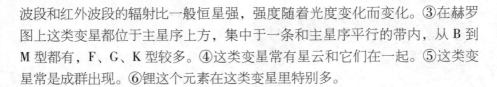
波段和红外波段的辐射比一般恒星强,强度随着光度变化而变化。③在赫罗图上这类变星都位于主星序上方,集中于一条和主星序平行的带内,从 B 到 M 型都有,F、G、K 型较多。④这类变星常有星云和它们在一起。⑤这类变星常是成群出现。⑥锂这个元素在这类变星里特别多。

白矮星

白矮星是一种体积很小但密度特别大的恒星。天狼星(大犬座 a 星)是全天空最亮的恒星,它是一个双星的成员。另一成员被称为天狼伴星,20 世纪初确定它是一个白矮星。到今天已经发现了 1 000 个以上的白矮星。大部分白矮星比地球小,有一部分比月球还小,但白矮星的质量比地球大得多,大多等于地球质量的十几万倍,即太阳质量的 $\frac{1}{2}$ 左右,也有和太阳质量差不多的白矮星。所以白矮星的密度很大,平均密度等于水的几万倍到 1 亿倍左右,中心密度更高,从水的 100 万倍到 1 000 亿倍。密度这样大,使得组成白矮星的物质处

天狼星

于一种特殊的状态——退化态。白矮星内部矛盾的排斥方面主要不是热运动所生的气体压力,也不是辐射压力,而是电子运动所生的压力,密度很大,使得电子的能量加大,运动加快。

基本小知识

太阳质量

天文学上,太阳质量是用于测量恒星或如星系类大型天体的质量单位。它的大小等于太阳的总质量,大约 1.989×10^{30} 千克。太阳质量是地球质量的 33 万倍。

白矮星的光度小，只有太阳光度的 $\frac{1}{100} \sim \frac{1}{100\,000}$ 或更小，所以人们能观测到的白矮星都是离太阳很近的。在 32.6 光年范围内已发现了 100 个白矮星，这表示整个银河系里白矮星非常多，得以亿、十亿计数。

◤ 脉冲星和中子星

1967 年发现了一种新型的天体，称为脉冲星。这种星发出很强的无线电脉冲，慢的几秒一个脉冲，快的 1 秒就有几个到 30 多个脉冲。一次脉冲发出的总能量可以大到 3×10^{25} 尔格的，这比地球上最猛烈的火山爆发时所释放的能量还大几亿倍。按目前全世界用电情况，脉冲星一次脉冲的能量就等于全世界 1 亿年的用电量。

蟹状星云中心那个恒星就是一个脉冲星。到 1975 年，已发现了 132 个脉冲星，距离测定结果表明它们都在银河系内。

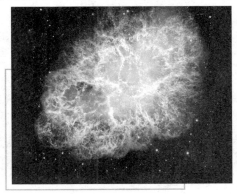

蟹状星云

目前多数研究者认为，脉冲星是快速自转着的磁场极强的中子星。中子星是密度比白矮星还要大的恒星，其外层的密度就有水的 1 000 亿倍，密度向内增加，到了中心，密度增加到水的几百万亿倍。恒星密度大到超过水的 1 000 亿倍时，电子的能量就大到足够以打进质子内，和质子结合成中子。由于这种超密恒星主要由中子构成，所以称为中子星。中子星的外壳具有晶体的结构，内部是处于超流状态的中子，夹杂着少量的质子和电子，接近中心的部分可能有一些

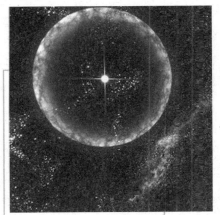

中子星

超子（质量比中子和质子都大的基本粒子）。

中子星的质量不超过太阳的 3 倍，由于密度很大，所以体积很小，半径只有十几千米。磁场强度高达 1 万亿高斯以上（太阳的普遍磁场强度只有 1～2高斯，地球磁场强度只有0.5高斯）。中子星快速自转，自转能转化为辐射能。脉冲星很可能就是这种自转极快、磁场极强的中子星，其表面的一部分出现了很多的高能电子，这种电子在强磁场里加速时，会发出一种称为磁阻尼辐射或同步加速辐射的辐射。中子星在自转时，当高能电子多的那一部分向着我们时，我们就接受到一次脉冲。脉冲周期就是自转周期。这是脉冲星现象的一种说明，是否正确还有待于进一步的观测和研究。

▶ 恒星的运动

拓展思考

机械运动

机械运动是自然界中最简单、最基本的运动形态。在物理学里，一个物体相对于另一个物体的位置，或者一个物体的某些部分相对于其他部分的位置，随着时间而变化的过程叫作机械运动。

银河系里的恒星都在绕银河系中心转动，太阳和它附近的恒星以 250 千米/秒的速度在几乎正圆形的轨道上绕银河系中心转动。此外，恒星由于彼此间的万有引力作用，都在进行着随机运动（"随机"的意思是各种运动方向和各种运动速度都有）。银河系里的恒星好比一个气团里的分子，气体分子都在不停地进行着随机运动，不同的是，气体分子常碰撞，

恒星极少碰撞。相对于太阳附近的恒星，太阳目前正以 19.5 千米/秒的速度朝武仙座里的一点运动着。恒星的另一种机械运动是自转。自转是天体的一种很普遍的现象，也是重要的天体资料。地球、月球、太阳、行星都在自转着。太阳的赤道自转速度为 2 千米/秒。已经通过光谱分析发现了 2 000 多个恒星在自转着，赤道自转速度有的像太阳这样小，有的大到 3 000 多千米/秒。总的说来，A、B 型主序星的自转速度较大，G、K、M 型主序星的自转速度小。

▶ 恒星的磁场

太阳和地球都有磁场，脉冲星也有很强的磁场。磁场情况也是重要的天体资料。利用光谱分析可以测定具有较强磁场的恒星的磁场强度。结果发现，脉冲星以外，磁场最强的恒星大多数是 A 型主序星，而且是一种称为 A 型特殊星的 A 型主序星，有的磁场强度为几千高斯，有一个星达 3 万多高斯。有些 A 型特殊星的磁场强度做质期忙的变化，极性也改变着。最近在一些 A 型特殊星上面发现了超铀元素。

▶ 恒星的化学组成

古希腊思想家亚里士多德认为，天体是由一种地上所没有的神秘东西——"以太"所组成。19 世纪法国哲学家孔德于 1842 年宣称："无论什么时候，在任何情况下，我们都不能够研究出天体的化学组成来。"但是，后来天文工作者通过光谱分析确定了太阳和恒星大气的化学成分，确定了天体也是由组成地上万物的化学元素所组成的，这样，既驳倒了天上和地上不一样的唯心主义先验论，也驳倒了天体化学组成不可知的唯心主义不可知论。

恒星的光谱多种多样，但那主要是由于表面温度的不同，

拓展阅读

奥古斯特·孔德

奥古斯特·孔德是法国著名的哲学家，社会学家，证实主义的创始人，1798 年 1 月孔德出生于蒙彼利埃的一个中级官吏家庭，在其著作中正式提出"社会学"这一名称并建立起社会学的框架和构想，整个 19 世纪，值得一提的法国社会学家屈指可数，但作为实证主义的创始人，社会学之父的奥古斯特·孔德（1798—1857 年）却当之无愧。他创立的实证主义学说是西方哲学由近代转入现代的重要标志之一。

而不是由于化学组成的不同。即使光谱中某种元素所产生的谱线很多，有些谱线很强，那个天体上这种元素也不一定很丰富。例如，在太阳光谱中，铁所生的谱线有 4 000 条，氢所生的只有一二十条，但经过分析，确定了太阳上面氢比铁丰富，按原子数目计算氢为铁的 3 500 倍，按质量计算氢为铁的 626 倍。现在知道，绝大部分恒星的大气的化学组成都和太阳大气差不多，都是氢最丰富。按质量计，氢占 78%，氦占 20%；其余的 2% 中，O、C、N 这三种元素占 $\frac{1}{2}$ 多一点；剩下的不到 1% 中，较丰富的是 Ne、Fe、Si、Mg、S 等。小部分恒星的大气的化学组成和太阳不一样，或者是某一种或几种元素特别多，或者是氢特别少。

至于恒星内部的化学组成，我们可以根据质量、半径、光度、表面温度等参数而推出其概况。理论分析表明，恒星内部的化学组成在演化中逐渐改变，氢通过热核聚变而转化为氦，后来氦又转化为更重的元素，但最外层和大气的化学组成则长时间保持不变。太阳和很多恒星今天的大气化学组成基本上就是原来整个星体的化学组成。

恒星集团

◎ 双 星

约 $\frac{1}{3}$ 的恒星不是单个地存在，而是结合成一对双星。两个星不仅离得很近，而且互相绕转，每个星都绕两星的质量中心转动。组成双星的两个恒星叫双星的子星，较亮的子星叫主星，亮度较小的称为伴星。在较亮的恒星中，参宿一和参宿七都是双星。已经发现的双星有 7 万个以上。子星相距很近的双星叫密近双星。对于密近双星可以出现下述几种现象：

（1）两个子星相距很近，所以转动速度较大，因而光谱线会由于多普勒效应而做周期性位移。按照物理学中讲到的多普勒原理，光源接近观测者时，光的波长会变短些，频率会变大些（波长和频率的乘积等于光速这个常数）；光源离开观测者时，波长变长些，频率变小些。当火车经过车站不停，只拉响汽笛，我们听到汽笛的声音在火车进站时（接近观测者）很高，像个女高音；火车出站时则突然变低沉了，像个男低音（波长变长），这就是声音的多普勒效应。双星的两个子星互相绕转，如果光谱型差不多，一个在前一个在后朝着垂直于视线的方向转动，那么两子星的光联合产生的光谱和平常一样。当两子星转到一个离开我们，一个接近我们，那么每条谱线便由于多普勒效应而从单线变成双线：接近我们的子星的光的波长变短，谱线向波长较短的那头（紫端）移动，这称为紫移。离开我们的那个子星的光的波长变长，谱线向光谱的红端位移，这称为红移。

知识小链接

多普勒

　　奥地利物理学家，数学家和天文学家多普勒·克里斯琴·约翰，1803 年 11 月 29 日出生于奥地利的萨尔茨堡，多普勒因"多普勒效应"而闻名于世。1853 年 3 月 17 日，多普勒与世长辞。

　　（2）密近双星的两个子星的轨道面法线如果和视线交成较接近 90° 的角度，那么两个子星就会互相掩食，这种双星称为交食双星。由于双星作为整体的亮度在变化着，所以成为周期性变星，称为食变星。在织女星（天琴座 a 星）附近的天琴座卢星，中文名渐台二，就是一个著名的食变星，周期为 12.9 天。

　　（3）密近双星的两个子星相距很近，互相施加影响，常交换物质，每个子星的演化都受到另一子星的影响。所以密近双星的观测和研究对于研究恒星和恒星史是十分重要的。

◎ 聚　星

　　几个（3 个或 3 个以上）或十几个恒星在一起，组成一个体系，这称为聚星。包含 3 个子星的聚星称为三合星。以 A、B、C 表示这 3 个子星，如果 A 和 B 在

拓展思考

开普勒第三定律

　　开普勒第三定律，也称调和定律或周期定律：各个行星绕太阳公转周期的平方和它们的椭圆轨道的半长轴的立方成正比。由这一定律不难导出，行星与太阳之间的引力与半径的平方成反比。这是牛顿的万有引力定律的一个重要基础。

一起，C 离 A、B 较远，这种组态比较稳定。这时因为 A 和 B 互相绕转，A、B 的质量中心（质心）又和 C 互相绕转，所以共有两个开普勒运动。如果 3 个子星彼此间的距离都差不多，则不稳定，容易瓦解。对于四合星，有的组态比较稳定，有 3 个开普勒运动；有的不稳定。北斗斗柄中间那个星，中文名开阳星，就是一个著名的聚星。用肉眼可以看到开阳星近旁有一个较微弱的恒星，中文名辅星。用望远镜看开阳星，容易看出它本身也是一个双星，两子星相距 14 角秒（开阳星和辅星相距 11 角分）。以 A 和 B 表示开阳星的两个子星，以 C 表示辅星，后来通过光谱分析和光度测量发现，A 和 C 都是密近双星，而 B 是三合星。所以开阳星和辅星一共有 7 个星。北极星也是三合星。

◎ 星 团

十几个到几百万个恒星聚在一起所组成的集团称为星团。星团明显地分为两类：①银河星团，都比较靠近银道面，成员星从十几个到几百个。著名的七姊妹星团，就是一个银河星团，肉眼只看到六七个星，实际上成员星超过 280 个。已发现的银河星团约 1 000 个。②球状星团，成员星从几万个到几百万个，呈球状或扁球状分布，越靠近中心，星越密集。银河系内已发现的球状星团有 125 个，估计银河系中一共有 500 个左右。球状星团在银河系内的分布和银河星团完全不一样，不限于银道面附近，而是到处都有，成大致球状的分布。

◎ 星 协

星协是一种比较特殊的恒星集团，很稀疏，很可能其成员星原来在一起，后来散开了。星协分为两类：①星协，主要由 O 型星和 B 型星组成，大致呈球状分布。在星协的中部常常有银河星团 1~7 个。现已发现 6 个离我们较近的 O 星协的成员星在向外运动，速度为 10 千米/秒左右，由此可以算出在几百万年以前这些星协的成员星曾聚集在一起。已发现的 O 星协有 50 个。②T 星协，主要由金牛 T 型星组成。已发现的 T 星协有 25 个。很多 T 星协和 O 星协在一起。在猎户座中部就有 1 个 O 星协、4 个 T 星协、4 个星团。

星 云

河外星云都是星系，这里只论述银河系内的星云。

银河星云可以分为两大类：①弥漫星云，像猎户座星云和在人马座里的三叶星云都是弥漫星云，形状不规则。②行星状星云，一般具有圆的形状，在望远镜里乍看起来像个行星，所以称为行星状星云。但是，有些行星状星云具有圆环的形状，如天琴座的 M57 星云。M 是法国天文学家梅西叶名字的第一个字母，他于 1784 年发表了一本云雾状天体的表，包含 103 个天体。后来发现，这 103 个天体并不都是星云（包括河外星云），有一部分是星团。M57 就是梅西叶表中第 57 号天体。1890 年爱尔兰天文学家德列尔编了一本包含 7840 个星云、星团的表，称为新总表，以 NGC 为符号。M57 是其中第 6720 号，所以也叫 NGC6720。1895 年和 1910 年出版了新总表的续篇，以 IG 为符号。NGC7009 这个行星状星云不是圆形的，它像有光环的土星，被称为土星状星云。

除了上述两类星云以外，近年来利用射电天文观测、红外光观测、X 射线和 γ 射线观测，又发现了一些新型的星云。星云同恒星有密切关系，是重要的天体史资料。下面分别简要地介绍各类星云。

◎ 行星状星云

已发现 1 000 个左右行星状星云。大部分行星状星云的中心有一个恒星，称为行星状星云的核星。核星的质量在太阳质量的 1.2 ~ 2.0 倍，半径为太阳半径的 0.01 ~ 1 倍；表面温度和 O 型星一样高，所以是蓝矮星。星云直径从几百到 1 万多天文单位，质量只有太阳质量的几百分之一到几分之一，平均约 0.2 太阳质量。星云物质都在离开中心向外膨胀，速度为 10 ~ 50 千米/秒，平

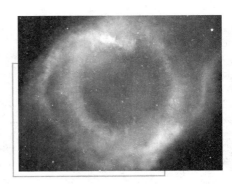

行星状星云

均 30 千米/秒。所以很明显，星云物质是从核星抛射出来的。环状星云是个内部较空的球壳，这是由于核星抛射了一阵物质后就停止了抛射。

◎ 弥漫星云

弥漫星云有亮的，也有暗的。亮的弥漫星云有些是由于在其内或在其近

弥漫星云

弥漫的意思是朦胧，云雾。弥漫星云没有规则的形状，也没有明显的边界。实际上，除环状对称的行星状星云外，所有的星云都可以称作形状不规则的弥漫星云弥漫星云平均直径大约几十光年，平均密度 10 ~ 100 原子/立方厘米。大多数弥漫星云的质量在 10 个太阳质量左右。

旁有表面温度很高的恒星来激发它，使星云发出辐射来；有些是由于组成它的尘粒（即固体质点）反射了附近较亮恒星的光。如果弥漫星云里面或附近没有很热的星或亮的星，星云就不发光，在亮的恒星背景上呈现为暗星云。弥漫星云的质量范围很大，从太阳质量的几分之一到几千倍，大多数为太阳质量的 10 倍左右。密度很小，每立方厘米内只有几十个到几百个原子（对于行星状星云为几千个原子）。

◎ 球状体

从 1946 年开始，在一些亮的弥漫星云背景上发现了一些圆形暗黑的天体，称为球状体。它们完全不透明，大小为 1 000 ~ 10 000 天文单位。目前已发现了几百个球状体。

◎ 中性氢云

中性氢原子受到微小激发就会发射出波长为 21 厘米的发射线，这条线位于无线电微波波段。在 20 世纪 50 年代里，利用 21 厘米波段的射电天文观测发现了不少中性氢云。

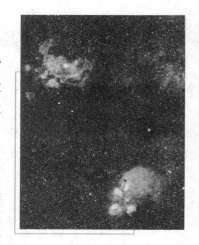

天蝎座中的弥漫星云

◎ 羟基源

利用射电天文观测发现了星际空间里有很多分子，各种分子也不是均匀分布的，大多聚集在一起。羟基（OH）在波长 18、6、3、5、0、2 厘米处都有发射线，通过在这些谱线处（较常用 18 厘米波段）的观测发现了好些羟基源。

同样，星际空间里的水（H_2O）、氨（NH_3）和甲醛（$HCHO$）等分子也是通过射电天文观测发现的，同时也发现了水源、氨源和甲醛源等。

广角镜

甲 醛

福尔马林是"甲醛"的水溶液，外观无色透明，具有腐蚀性，且因内含的甲醛挥发性很强，开瓶后一下子就会散发出强烈的刺鼻味道。而甲醛则是一种高刺激性有毒气体，具易燃性及腐蚀性，在一般空气里均能测出微量，易溶于水，制造上通常利用化工方法氧化甲醇而得。

◎ HH 天体

HH 天体是一种半星半云的天体，是恒星状的亮星云。由于美国天文工作者赫比格和墨西哥天文工作者哈罗首先研究这种天体，所以称为赫比格—哈罗天体或者 HH 天体。已发现的 HH 天体有 40 多个，都在 T 星协内。

星云同恒星有密切关系。行星状星云是恒星抛射出来的物质，它作为星云形式存在只是暂时的，云物质不是离开恒星，参加星际物质，就是落回到恒星。星际物质不算天体，它是星系这类天体的一个组成部分。星际云、弥漫星云、中性氢云、球状体、HH 体等很可能都是从星际物质演化到恒星的过渡阶段，都是形成中的恒星。HH 天体可能是金牛 T 型星的前身。星云的内部矛盾和恒星的基本上一样。吸引主要是自吸引，排斥主要是热运动所生的气体压力。

基本小知识

热 运 动

热运动，是构成物质的大量分子、原子等所进行的不规则运动。热运动越剧烈，物体的温度越高。证明液体、气体分子做杂乱无章运动的最著名的实验，是英国植物学家布朗发现的布朗运动。

▶ 红外源、 X 源、 γ 源

由于红外观测技术的进展和大气外观测方法的运用，发现了许多红外源、X 源和 γ 源。在 1969 年发表的一个表上曾列出了 5 000 个红外源，其中一部分已证认为红超巨星、红巨星，或者某种变星；一部分为超新星遗迹，如蟹状星云；一部分认为河外星系；还有一部分是形成中的恒星，表面温度只有几百度。

X 源已发现的有 100 多个，有的是星系，有的是超新星遗迹，有的是恒星。天鹅座 X－1（即该星座第一号 X 射线源）已被认为双星，它的一个子星可能是密度极大的超密星，当另一子星发出的紫外光子碰到超密星发出的高能电子时便转化为 X 射线光子。

γ 源是发出特别强的 γ 射线的天体，从 1969 年开始发现，如人马座 γ－1。它们的数目还不大。蟹状星云这个超新星遗迹既是射电源，又是红外源、X 源、γ 源，在它中心的星又是脉冲星（这个脉冲星又是一颗中子星）。

◆ 星 族

在 20 世纪 40 年代就已发现，银河系里的恒星可以分为两大类：星族 I 和星族 II。星族 I 包括主序星、超巨星、造父变星、新星、金牛 T 型星、银河星团等，它们都比较靠近银道面，相对于太阳的运动速度比较小。星族 II 包括天琴 RR 型变星、蒭藁型变星、球状星团等，它们在银河系空间里作球状或扁球状的分布，相对于太阳的运动速度较大。两类星族之间还有一个重要的差别，即重元素（指氢和氦以外其他的化学元素）的含量不一样。星族 II 恒星的重元素含量只有 $\frac{1}{1\,000}$（按质量计算），而星族 I 恒星的重元素含量为 $\frac{1}{100} \sim \frac{1}{25}$。

后来，星族 I 又细分为三四个星族，星族 II 细分为两个星族。

星族是研究恒星演化和星系演化的重要资料。

知识小链接

星 族

星族是银河系（以及任一河外星系）内大量天体的某种集合。这些天体在年龄、化学组成、空间分布和运动特性等方面十分接近。

太阳系的起源和演化

太阳系是以太阳为中心，包括所有受到太阳的重力约束天体的集合体，它包括 8 颗行星、至少 165 颗已知的卫星、5 颗已经辨认出来的矮行星和数以亿计的太阳系小天体。这些小天体包括小行星、柯伊伯带的天体、彗星和星际尘埃。太阳系的形成据说应该是依据"星云假说"，最早是在 1755 年由康德和 1796 年由拉普拉斯各自独立提出的。这个理论认为太阳系是在 46 亿年前在一个巨大的分子云的塌缩中形成的。本章介绍了太阳系的起源和演化的历史进程。

太阳系的构成

在银河系中，太阳和它的家族并不是位于银河系的中心，而是位于离银河中心 3.3 万光年、到银道面距离 2.6 光年的地方。

太阳系是一个以太阳为中心的天体系统。在这个天体系统中，除了太阳以外，还有八大行星以及许多小行星和彗星等天体在围绕太阳旋转。八大行星按照距离太阳的远近，从近到远依次是水星、金星、地球、火星、木星、土星、天王星、海王星。有的时候，为了研究的需要，天文学家把八大行星分为 3 大类：①类地行星，它包括水星、金星、地球和火星。②巨行星，它包括木星和土星。③远日行星，它包括天王星和海王星。

基本小知识

八大行星

八大行星特指太阳系八大行星，从离太阳的距离由近到远依次为水星、金星、地球、火星、木星、土星、天王星、海王星。

八大行星中除了水星和金星没有卫星之外，其他大行星都有卫星，地球只有月球一个卫星，而有的大行星有好多卫星，比如木星有 18 颗卫星，土星有 23 颗卫星等。目前已发现太阳系内共有 66 颗卫星。这些卫星在围绕着大行星转动的同时，又跟随着大行星一起围绕太阳转动。小行星的数量成千上万，它们大多分布在火星轨道和木星轨道之间的一个环带内。彗星是太阳系中数量很多的一类天体，虽然它们的轨道五花八门，各不相同，但它们都在太阳引力的作用下，沿着各自的轨道围绕太阳运转。

太阳系中的天体种类虽然很多，每种天体的数量又很大，然而，所有这些天体都无法与太阳相比。太阳在太阳系中占有最特殊、最重要的地位。太阳是太阳系中唯一自身发光的天体，它是一颗恒星。月球和行星等其他天体看起来也很明亮，但都不是自己发的光，它们是被太阳光照亮的。我们地球上能有今天这样生机勃勃的景象，也是从太阳那里获取了足够的能量。太阳系内的所有天体都围绕太阳不停地运转，太阳处在太阳系的中心。太阳在太

太阳系示意图

阳系中不仅体积最大，而且质量也最大，它的质量占太阳系所有天体总质量的 99% 以上。正因为太阳的质量如此之大，它的强大吸引力能把其他天体都牢牢地控制在自己的周围，使它们都不离散。有人把太阳系比成是一个儿孙满堂的大家庭，太阳就是这个大家庭的一家之长。还有人把太阳系比成是一个井然有序的王国，太阳就是这个王国的国王。

◤ 太阳系的起源

◎ "星云说"

16 世纪哥白尼提出的"日心地动说"，确立了太阳系的概念，正确地描述了太阳系的结构和行星、卫星的运动情况。17 世纪初在望远镜发明以后，用望远镜看到了金星的位相和视圆面大小的变化，看到了木星的 4 个大卫星，这些都证明了哥白尼的太阳系学说的正确性。哥白尼的学说使自然科学摆脱了神学的束缚，促进了自然科学的发展。17 世纪，法国哲学家笛卡尔提出了关于天伙形成的"涡流学说"，认为在太

拓展思考

万有引力定律

万有引力定律是牛顿在 1687 年于《自然哲学的数学原理》上发表的。牛顿的普适万有引力定律表示如下：任意两个质点通过连心线方向上的力相互吸引。该引力的大小与它们的质量乘积成正比，与它们距离的平方成反比，与两物体的化学本质或物理状态以及中介物质无关。

初混沌里，物质微粒逐渐获得了涡流式的运动，各种大大小小的涡流之间的摩擦把原始物质匀滑，挤出的物质落入涡流中心，形成了太阳；较细的物质飞走，形成了透明的天穹；较粗的物质块被俘获在涡流里，形成了地球和其他行星；在行星周围出现了次级涡流，它们俘获物质而形成卫星。笛卡尔的这个涡流学说，提出在万有引力定律被发现以前（1644 年）。牛顿在他有名的著作《自然哲学的数学原理》一书中提出了万有引力定律以后，人们很快认识到万有引力在天体的运动和发展中所起的重要作用，认识到不考虑万有引力作用的任何天体演化学说都是不能成立的。因此，后来在讨论天体演化问题时，便很少提到笛卡尔的涡流学说了。

康德于 1755 年提出的"星云说"，认真考虑了万有引力的作用。详细论述这个学说的著作名叫《自然通史和天体理论》，副标题是"根据牛顿定理试论整个宇宙的结构及其力学起源"。这里说的"牛顿定理"，就是万有引力定律。康德认为，太阳系的所有天体是从一团由大大小小的微粒所构成的弥漫物质通过万有引力作用逐渐形成的。较大的质点把较小的质点吸引过去，逐渐形成大的团块。团块在运动中经常发生碰撞，有的碰碎了，有的则结合成更大的团块。弥漫物质团的中心部分就集聚成太阳。所以，康德认为，整个太阳系，包括太阳本身在内，是由同一个星云主要通过万有引力作用而逐渐形成的。这个主要论点在今天看来仍然是正确的。康德又认为，行星的自转是由于落在行星上面的微粒把角动量加到行星上而产生的。行星的吸引"迫使靠近太阳的、以较快速度运转的微粒离开了它们原来的轨道方向，使之沿着长椭圆的轨道运行并升到行星之上。这些微粒因为具有比行星本身更大的速度，所以当它们被行星吸引而下落时，就给它们的直线下落以及其他质点

"星云说"模拟图

的下落运动一个自西向东的偏转"。今天看来，康德关于行星自转起源的论点也基本上是正确的，不过细节上需要修改。落到行星上的不仅有质点、微粒，

也有由微粒形成的团块，在行星形成过程后期，还会有很大的固体块（称为星子）落到生长中的行星（称行星胎）上。

法国数学和物理学家拉普拉斯于 1796 年出版了一本科学普及读物《宇宙系统论》。在这本书的 7 个附录的最后一个附录里，拉普拉斯用几页的篇幅叙述了他对太阳系起源的看法，提出了他的"星云假说"。他在提出这个学说的时候，并不知道康德已于 41 年前提出过一个类似的学说，更未看到康德的书。这是因为，康德的书是匿

正在形成的太阳

名出版的，初版的印数也不多。在拉普拉斯发表他的"星云说"以后，人们才回想起几十年前就曾提出过一个类似学说的这本书，并知道了它是康德所写的。此后，该书才得到再版和广泛流传。

知识小链接

拉普拉斯

拉普拉斯，法国数学家、天文学家，法国科学院院士。是天体力学的主要奠基人、天体演化学的创立者之一，他还是分析概率论的创始人，因此可以说他是应用数学的先驱。

拉普拉斯认为，太阳系是由一个气体星云收缩形成的。星云的体积最初比今天的太阳系大得多，大致呈球状，温度很高，缓慢地自转着。后来，星云逐渐冷却和收缩，由于角动量守恒，星云收缩时转动速度增加，离心力越来越大，在离心力和密度较大的中心部分的吸引力的联合作用下，星云越来越扁。到了一定时候，作用于星云表面赤道处的气体质点的惯性离心力便等于星云对它的吸引力，这时候，赤道面边缘的气体物质便停止收缩，停留在原处，于是形成一个旋转气体环。随着星云的继续冷却和收缩，分离过程一次又一次地重演，便逐渐形成了和行星数目相等的多个气体环，各环的位置

大致就是今天各行星的位置。星云中心部分，则收缩成太阳。在各个气体环内，物质的分布不是均匀的，密度较大的部分把密度较小的部分吸引过去，逐渐形成了一些气团，在大致相同的轨道上绕太阳转动。由于互相吸引，小气团又集聚成大的气团，最后结合成行星。刚形成的行星（原行星）还是相当热的气体球，后来才逐渐冷却、收缩、凝固为固态的行星。较大的原行星在冷却收缩时又可能如上述那样分出一些气体环，形成卫星系统。拉普拉斯认为，气体环就像刚体那样旋转着，外部的线速度比内部的大，所以环凝聚成行星以后，行星就自转起来。最后，太阳的自转是原始星云自转的必然结果。土星光环是由没有结合成卫星的许多质点构成的。

广角镜

赤道

赤道是地球表面的点随地球自转产生的轨迹中周长最长的圆周线，赤道半径6 378.137千米；两极半径6 359.752千米；平均半径 6 371.012 千米；赤道周长40 075.7千米。如果把地球看作一个绝对的球体的话，赤道距离南北两极相等，是一个大圆。它把地球分为南北两半球，赤道以北是北半球，以南是南半球，是划分纬度的基线，赤道的纬度为0°。赤道是地球上重力最小的地方。赤道是南北纬线的起点（即零度纬线），也是地球上最长的纬线。

拉普拉斯"星云说"的主要论点是：整个太阳系是由一个自转着的星云收缩而形成的。星云收缩时，由于角动量守恒，自转速度越来越大，到一定时候，赤道处离心力等于吸引力，便有物质留下来，后来这些物质就形成行星。今天来看，这个主要论点仍然是正确的。但是，拉普拉斯认为，星云开始时很热，由于冷却才收缩。今天知道，星际云并不热，温度平均只有 10K ~ 100K（K，即绝对温标开尔文，是国际单位制中的温度单位，开氏度 = 摄氏度 + 273.15），即冰点以下的 − 263.15℃ ~ − 173.15℃。

收缩不是由于冷却而是由于吸引发生的，星云越收缩，温度越高。另外，在赤道面形成的也不是一系列的星云环，而是一整个星云盘。计算表明，如果原始星云的角动量等于今天太阳系的总角动量，那么，当星云收缩到今天太阳系的大小时，赤道处的离心力远远小于吸引力，不可能留下物质来形成星云盘。所以必须认为，原始星云的质量比今天的太阳系大，角动量也比今天太阳系的角动量大好多，后来一小部分物质离开了太阳系，带走了绝大部分的角动量，才能够解决这个矛盾。拉普拉斯的"星云说"和康德的"星云说"都没有说明太阳系的角动量分布。

◎ "灾变说"

由于康德和拉普拉斯的"星云说"对太阳系的一些问题不能完全解释清楚，从 19 世纪末到 20 世纪 40 年弋这几十年当中，各种有关太阳系起源的"灾变说"非常盛行。它们的共同点是，都认为太阳系这样一个天体系统是宇宙间某一罕有的巨大变动的产物。第一个"灾变说"，出现在康德发表"星云说"之前，它的提出者既不是天文工作者，也不是数学工作者或物理工作者，而是一个动物学工作者——法国人布封。他从牛顿的著作里了解到 1680 年出现的一个大彗星的轨道偏心率大到 0.999985，经过太阳时离日面只有 23 万千米。他认为，既然有彗星走到离太阳这样近的地方，从日冕穿过去，那么，一定会有彗星碰到过太阳。于是，布封在 1745 年提出来一个假说。他认为，太阳比行星先形成，太阳形成后，曾经有一个彗星"掠碰"（擦边而过）到它，这一方面使太阳自转起来，另一方面碰出了不少物质。这些物质一部分落回太阳，一部分脱离太阳的吸引力飞走了，还有一部分则绕太阳旋转起来，后来形成了行星。到 18 世纪末，拉普拉斯和其他人都相继指出，彗星的质量比地球小得多，即使彗星碰到太阳，也不会碰出足够多的物质来形成行星。1878 年，新西兰天文学工作者毕克顿又提出，曾经有两个恒星相碰，产生了类似新星的爆发，爆发时抛出的物质形成了行星，两个恒星则合成太阳。

基本小知识

日 冕

日冕是太阳大气的最外层，厚度达到几百万千米以上。日冕温度有 100 万℃左右。在高温下，氢、氦等原子已经被电离成带正电的质子、氦原子核和带负电的自由电子等。这些带电粒子运动速度极快，以致不断有带电的粒子挣脱太阳的引力束缚，射向太阳的外围，形成太阳风。日冕发出的光比色球层的还要弱。日冕可人为地分为内冕、中冕和外冕 3 层。内冕从色球顶部延伸到 1.3 倍太阳半径处；中冕从 1.3 倍太阳半径到 2.3 倍太阳半径，也有人把 2.3 倍太阳半径以内统称内冕，大于 2.3 倍太阳半径处称为外冕。

在这些学说中，大多数都认为太阳先形成，在某个时候有另外一个恒星走到太阳附近，引起太阳的大量抛射物质，这些物质后来就形成行星、卫星。最著名的"灾变说"是英国天文工作者金斯于1916年提出的"潮汐学说"。它认为，当另一恒星接近太阳时，在太阳上面产生了很大的潮。反面的潮比正面的小得多，很快衰落。正面的潮很大，物质被经过的恒星拉出来，形成一个长条。在另一恒星离开太阳的时候，它对长条的吸引使得长条朝恒星离去的方向弯曲，使长条获得了角动量，以后这些物质就一直绕太阳转动，并在长条内形成了所有的行星。长条的中部较粗，两头较细，所以，由中部物质形成的木星、土星较大。太阳原来就已经在自转着，今天太阳系的不变平面，是经过的恒星对太阳而言的轨道面，所以不变平面和太阳的赤道面不一定重合。事实上，两者之间有一个6°的交角。

在"潮汐学说"提出以前，美国地质工作者章伯伦和天文工作者摩尔顿还提出过"星子学说"。他们认为，接近太阳的恒星在太阳的正面和反面都产生了很大的潮，正面抛出的物质沿恒星离去的方向偏转，反面抛出的物质则朝相反的方向偏转，这样就形成了螺旋状的两股气流，它们逐渐汇合为一个环绕太阳转的星云盘。开始是气体凝聚为液体，然后又凝固为固体质点，固体质点再集聚成星子，最后才形成行星。开始时，行星轨道偏心率很大，行星过近日点时，太阳对行星的潮汐作用就导致卫星的形成。行星后来由于经常和残余的星子碰撞，偏心率才逐渐变小，轨道变圆。"星子学说"的前半部分是"灾变说"，后半部分实质上是"星云说"。

在金斯提出"潮汐学说"以后，又有好几个英国人提出了新的"灾变说"，其中每一个都增加了更多的偶然因素。1929年，捷弗里斯认为，另一个恒星不仅接近太阳，而且碰到了太阳。这使太阳自转起来。而碰出的物质成一长条，后来形成了行星。干恩则认为，另一个恒星接近太阳时，太阳正处于自转不稳定状态，这一恒星的接近，引起太阳大量抛射物质。印度人巴纳奇在1943年提出，太阳的前身是一个造父变星，当另一恒星接近它时，使它的脉动变得不稳定，从而抛出大量物质，形成了太阳和行星。到1963年，巴纳奇又补充假定，太阳的前身是一个磁场特强的造父变星，当时的质量为今天太阳质量的9倍，在另一恒星接近它时，使它的脉动振幅变大从而变得不稳定，接着抛出大量物质，形成了太阳和行星。1964年，英国人乌尔夫逊又提出，接近太阳的恒星是一个超巨星，当两者接近时，不是超巨星从太阳拉出物质，而是太阳从超巨星拉出一长条物质，从而形成行星。从上述介绍可以看出，"灾变说"发展中偶然的因素越来越多了。

另一类与上面不同的"灾变说"认为，太阳原来是双星的一个子星。1936 年，英国里特顿认为太阳的伴星被第三个恒星碰了一下，碰撞后太阳的伴星和那个恒星就像弹子球那样朝不同方向走开，中间拉出一长条物质。这一长条物质的中部被太阳俘获，留在太阳附近，后来就形成行星。里特顿的这个"双星学说"发表以后，受到了很多批评。于是，他于 1941 年又提出一个学说。这个学说认为，太阳的伴星本身又是一个密近双星，双星由于吸积星际物质而合成为一个角动量很大的恒星，然后，由于自转不稳定而再度分裂为两个恒星。这两个恒星沿双曲线轨道彼此离开，同时也就离开了太阳。两个恒星分开时拉出一长条物质，被太阳俘获，最后形成行星和卫星。在 1945 年，英国霍意耳提出，太阳过去是双星的一个子星，另一子星因为发生了大爆发，成为超新星，朝太阳方面抛出的物质较多，由于反冲作用而离开了太阳。抛出的一部分物质被太阳俘获，后来就形成了行星。超新星抛出的物质包含有许多种重元素，如铁、镁、硅、铝等，这样可以说明地球和行星里重元素的来源。

银河系里恒星的空间密度很小，平均每 35 立方光年体积内才有 1 个恒星。打一个比方，假定地球内部完全是空的，在地球内部放 3 000 个乒乓球，地球内部空间的乒乓球比银河系空间内的恒星还要密集。银河系空间里恒星这样稀疏，所以两个恒星接近到能引起很大的潮的机会是很小的，对于每个恒星来说，这样的机会大概是每 2 000 多万亿年才有一次，至于碰撞，机会就更小了。但是，在离太阳相当近的恒星中，就已经发现了在十几个恒星周围有看不见的伴星，其中一部分伴星很可能是行星。所以，银河系内行星系统是相当普遍的，绝不是如"灾变说"所认为的那样是罕有现象。另外，要从太阳拉出足够的物质来形成行星，大部分物质就应当是从太阳表面之下

拓展阅读

角 动 量

角动量是物体绕轴的线速度与其距轴线的垂直距离的乘积。每单位质量气块的绝对角动量是其相对地球的角动量和地球自转产生的角动量之和。

相当距离处，温度高达 100 万℃的地方拉出来的，而温度这样高的气体即使被拉出来，也会很快扩散掉，不可能维持为一长条。最后，经过的恒星必须很接近太阳，才能拉出足够多的物质，但这样形成的行星离太阳将很近，角动量将很小。以上几点，都说明"灾变说"不能成立。事实上，提出"灾变说"的一些人，如捷弗里斯、霍意耳和里特顿等，他们也都先后承认这种学说不能成立，霍意耳和里特顿后来都改主张"星云说"了。

◎ "新星云说"

19 世纪头 40 年中，在太阳系起源的研究上"灾变说"曾占了绝对优势，只有两个人提出了"星云说"。到 40 年代，情况发生变化，虽然在前半期新提出了 4 个"灾变说"，但很快就衰落下去，"星云说"一跃而占据了统治地位。仅在 40 年代里就出现了 7 个"星云说"。50 年代开始以后，新提出的太阳系起源学说除了乌尔夫逊的学说以外，全部都是"星云说"。

康德和拉普拉斯的"星云说"以及大部分"灾变说"，它们都只考虑问题的力学方面，即只考虑万有引力作用。在 20 世纪最先提出的几个"星云说"中，则强调了电磁力在太阳系形成中的作用。1912 年，挪威物理工作者伯克兰提出，太阳从一开始就有磁场，太阳抛射出的离子沿着磁力线在螺旋轨道上向外运动，最后停留在一些圆上，形成一些气体环，不同的环由不同的离子组成，每个环逐渐形成一个行星。荷兰气象工作者贝拉格于 1927 年提出的一个学说则认为，太阳把正离子和尘粒抛入它周围的气壳内，太阳自己因此而带负电，气壳里的离子后来就形成距离，分布符合提丢斯—彼得定则的各行星。1930 年，贝拉格对自己的学说作了修改。他把尘粒改为电子（太阳上面温度非常高，根本不存在尘粒），又假定太阳抛出的离子先集聚成一些环，然后才形成行星。贝拉格继续修改他的学说，不断引入更多的假设，例如，为了说明角动量分布，他甚至引入了另一恒星接近的"灾变说"论点。1942 年，瑞典物理工作者阿尔文提出，太阳开初已经形成，行星和卫星是由从远处下落到太阳附近的弥漫物质形成的。这些物质原来是电离的，它们被太阳的磁场和星际磁场维持在离太阳几千天文单位的空间里，后来由于冷却，才由电离状态转变为中性状态，向太阳下落。物质在下落中不断被加速，动能增加到一定程度就会和路上遇到的质点碰撞而再度电离，停止降落，从而在太阳附近形成几个云。就是在这些云里，形成了行星和卫星。太阳磁场的磁力线随太阳的自转而转动，云的电离质点不能跨过磁力线，因而被带向前。云中的中性质点也被电离物质拖着向前，这就相当于太阳通过磁场的作用把自己的一部分角动量转移给云物质，所以形成后的行星具有大的角动量。

知识小链接

电 离

电解质在水溶液中或融入状态下离解成自由移动阴阳离子的过程。将电子从基态激发到脱离原子，叫作电离，这时所需的能量叫电离电势能。物理上的电离是指不带电的粒子在高压电弧或高能射线等的作用下，变成了带电粒子的过程。

另外一些"星云说"，强调了湍流在太阳系形成中的作用。例如，德国物理工作者魏札克于 1944 年提出的"漩涡学说"就是这样。他认为，星云盘内，离太阳相同距离的质点的公转椭圆轨道具有不同的偏心率，所以盘内会出现漩涡，漩涡的排列很有规则性：盘分为几个同心环，越外面的环越宽。每个环内有同样数目的漩涡，魏札克估计的数目是 5 个。漩涡内物质的转动方向和公转方向相反。在相邻两环的 3 个漩涡之间，会出现次级漩涡。这些次级漩涡的转动方向和公转方向一致，行星就在这种次级漩涡里形成。所以，行星具有正向的自转。

有一些学说强调太阳抛射物质的作用。法国天文工作者沙兹曼认为，太阳在慢引力收缩阶段抛射出大量的带电物质，这些被抛出的物质沿着太阳的磁力线运动，只有运动到离太阳一定距离以后，才不受磁场的约束。这些抛出的物质如果不是受磁场的约束，那么，由于角动量守恒，它们绕太阳转动的角速度将随着离太阳的距离的增加而减小。但是，由于磁场（当时太阳的磁场可能比今天强几百倍）的约束作用，抛出物质的转动角速度保持固定。因为角动量等于质量、角速度和距离平方三者的乘积，所以，抛出物质的角动量便越来越大，太阳的角动量便相应地减小。简单来说，就是太阳通过磁场的作用把自己的一部分角动量转移给抛射出去的物质。抛出的物质所带走的质量虽然不算多，但带走的角动量却很多。

有些新的"星云说"同康德、拉普拉斯的"星云说"一样，也认为整个太阳系是由同一个星云形成的，星云中部形成太阳，外部形成行星、卫星。但是，有一些"星云说"，例如前苏联施密特的学说，却认为太阳先形成。已经形成的太阳在星际空间里运动时，和一个星际云相遇，俘获了这个云里的物质，形成了环绕太阳的星云盘，然后在盘里形成了行星、卫星。还有一类"星云说"，认为形成行星、卫星的物质全部或大部分是由太阳抛射出来的。

趣味点击　　辐射

辐射有实意和虚意两种理解。实意可以指热，光，声，电磁波等物质向四周传播的一种状态。虚意可以指从中心向各个方向沿直线延伸的特性。辐射本身是中性词，但是某些物质的辐射可能会带来危害。

关于行星的形成方式，有些"星云说"认为，星云盘里的气体先凝聚为尘粒（小固体质点），加上原来存在于星云内的尘粒和小冰块，一起逐渐集聚成大的星子；最大的星子成为行星胎，逐渐长大，最后形成为行星。有些"星云说"则认为，在星云盘里比较快地就形成了一些很大的原行星。美国天文工作者柯伊伯的学说就是这种论点的典型。他认为，在太阳形成以后，星云盘的物质很快就集聚成一些很大的原行星。原地球的质量大到今天地球质量的 500 倍，原木星的质量等于今天木星质量的 20 倍。在原行星的内部，高压使得气体凝聚为固体，而且形成的固体质点沉入最里面部分。外部的气体则由于太阳的光和热以及太阳粒子流的作用而挥发掉，最后只剩下固体部分，就成为固态的类地行星。如果原行星外部的气体保留下来一小部分，最后就形成体积大、质量大但密度小的类木行星。这个"原行星学说"有一个根本的漏洞：原行星的质量那么大，它对于外部大量气体的吸引力也就很大，因此，太阳的光和热，就算加上辐射压力和粒子辐射，要在太阳系存在的几十亿年内就把原行星多余的气体全部赶跑，这是不可能的。

美国化学工作者尤雷提出，星云盘物质先集聚成许多气体球，它们的平均质量为 10^{28} 克，其中非挥发性物质的质量和今天的月球差不多，就是这种非挥发性物质先凝聚成固体。气体球由于辐射而收缩，内部温度和压力升高，固体物质沉入中心部分，并在高温高压下形成今天在陨石里所发现的地上未曾见过的粒状体，以及在一些陨星里发现的钻石。后者的形成需要 1 000℃的高温和 34 千伏的高压。比较靠近太阳的气体球，它们外部的挥发性物质逐渐跑掉，而成为含硅、铁、镁及其氧化物为主的固态天体。这些固态天体互相吸引、互相碰撞，有的就合成为类地行星，碰撞形成的碎块就是陨星。离太阳较远的气体球，它们直接合成为类木行星。月球和其他大的卫星，还有大的小行星，都是留存下来的气体球内部形成的固体球。月球被地球俘获，才成为地球的卫星。

尽管"新星云说"使得人们对太阳系的形成有了进一步的认识，但是目前还不能说已经揭开了太阳系起源之谜。

🔎 星云盘的形成和演化

在银河系的盘状部分（即银盘），离银河系中心 3.3 万光年、离银河系边缘 1.5 万光年处，星际弥漫物质在约 47 亿年前曾集聚成一个比较大的星际云，这个云由于自吸引而收缩，云中出现了湍涡流，后来这个云碎裂为一两千块，其中的一块就是我们太阳系的前身。到后来形成太阳系的这个星际云碎块（下面把它称为原始星云），由于它是在涡流里产生的，所以从一开始就在自转着。其他的碎块大多形成了恒星，它们全部或大部分都有自转，自转速度有快有慢，自转轴的方向也不一样。所以，太阳过去是一个星团的成员，后来，这个星团瓦解了，散开了。

原始星云的质量比今天太阳系的总质量大些。它一面收缩，一面自转，由于角动量守恒，越转越

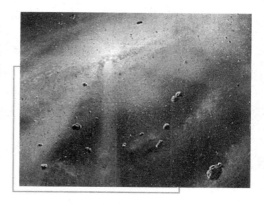

形成太阳系的原始星云

快。赤道处惯性离心力最大，因为离心力是一个排斥因素，它对抗了吸引，所以赤道处收缩得比较慢，两极附近收缩得比较快，原始星云便逐渐变扁。

原始星云最初温度很低，在冰点以下 200 多℃，所以开始时收缩很快，在两极附近，物质几乎是向中心自由降落。这时候，吸引是矛盾的主要方面。原始星云在收缩中释放出大量引力势能，它转化为动能、热能，使得温度升高，相应地，云的内部压力增大，成为对抗自吸引的主要的排斥因素。原始

你知道吗

星际物质

星际物质就是那些存在于星体之间的各种物质的总称，这些物质既有实体，也有传播的波，直到最近几十年，人类才发现星际物质的存在。星际物质包括星体与星体之间的物质；恒星之间的物质，包括星际气体、星际尘埃和各种各样的星际云，还包括星际磁场和宇宙线。

星云的化学组成就是星际物质的化学组成，也就是今天太阳外部的化学组成，氢最多，其次是氦，然后是氧、碳、氮、氖、铁、硅、镁、硫。取硅原子数目的相对含量为单位，原子数目的相对含量乘原子量就得到质量的相对含量。除了上面 10 种元素，其他元素的相对含量小得多，最多的按原子数目也不到硫的 $\frac{1}{5}$。当温度很低时，最丰富的元素氢多以分子的形式存在。原始星云收缩到内部温度达 1 000 多℃时，大部分的氢分子都离解为氢原子，原始星云就成为一个中性氢云。当内部温度进一步升高到 1 万℃时，大部分的氢原子都电离了，原始星云就成为一个电离氢云。

原始星云收缩到大致今天海王星轨道的大小时，由于角动量守恒，赤道处的自转速度已经大到离心力等于星云本身对赤道处物质点的吸引力。这时，赤道尖端处的物质不再收缩，留下来绕剩余的部分转动，空了的尖端部分由上面、下面和里面的物质补上。原始星云继续收缩，在赤道处进一步留下物质，这样就逐渐形成一个环绕太阳旋转的星云盘，剩余物质（实际上约占原来质量的 97%）进一步收缩成太阳。整个星云盘的形成只用了几百年的时间。

在星云盘形成以前，太阳已成为一个红外星。原始星云在收缩过程中，越靠近中心的部分，密度增加越快，星云的中聚度（向中心密集的程度）随着时间的流逝而相当快地增大。所以，星云的中心部分占有总质量的绝大部分，它形成了太阳。星云盘形成后，太阳开始进入慢引力收缩阶段。那时候，太阳的自转比今天快很多，磁场也比今天强几百倍，内部存在着强烈的对流，能量从内部转移到外部主要就是靠对流。在今天，太阳的活动主要也是由于较差自转、磁场和对流这 3 种因素互相影响而产生的。在太阳的慢引力收缩阶段，这 3 种因素都比今天强烈得多，所以太阳活动也比今天厉害得多。在那个阶段，太阳大量抛射物质，光度做不规则变化，在长达约 800 万年的时期内一直是一个金牛座 T 型变星。

基本小知识 🖱

离心力

离心力，指由于物体旋转而产生脱离旋转中心的力，也指在旋转参照系中的一种视示力，它使物体离开旋转轴沿半径方向向外偏离，数值等于向心加速度，但方向与向心加速度相反。

太阳的引力和辐射控制了整个星云盘的结构。星云盘里离太阳越远的地方，太阳的吸引力越弱，由于太阳的辐射到达那里已变得比较稀薄，所以温度比较低。星云盘的厚度主要决定于太阳吸引力的垂直于赤道面的分量和气体压力之间的对比，前者使盘的厚度减小，后者使盘的厚度增加，两者构成一对吸引—排斥矛盾。当离太阳的距离增加时，太阳引力的垂直分量比气体压力减小得快，所以星云盘的厚度越往外面越大。由于星云盘是里面薄外面厚，又向上、下弯曲，所以太阳的辐射可以从外面进入星云盘的外层。星云盘刚形成时，外部的温度为几十 K，内边缘的温度高到 2 000K 左右。当原太阳收缩到大致今天的大小以后，星云盘的温度降低，各处的温度主要决定于太阳的光度和该处离太阳的距离，温度值大致和距离的平方根成反比，和太阳光度的 4 次根成正比。在行星形成过程中，星云盘外边缘的温度低于 100K，内边缘的温度低于 1 000K，具体数值随着太阳光度的变化和星云盘透明度的变化而变化。

星云盘的演化最重要的有两个方面：①化学组成的演化。②尘粒的沉淀。星云盘物质的化学组成，开始是和今天太阳外部的化学组成一样的（太阳内部由于氢核聚变，氢在减少，氦在增多），后来，由于各处温度不同以及其他原因，里外的化学组成才变得不一样。星云盘由内到外可以分为 3 个区：类地区、木土区和天海区（包括冥王星）。在最里面的类地区，由于最靠近太阳，温度最高，过一段时期以后，挥发性物质几乎全部跑光，只剩下铁、硅、镁、硫等及其氧化物，这类物质称为土物质。土物质占原来物质的 0.4%，也就是，在类地区里，原来的物质只保留下来 0.4%，其余的都跑掉了，离开了太阳系。跑掉的物质可以分为两类：①气物质，包括氢原子、氢分子、氦、氖，它们的沸点不超过 8K（冰点下 265℃），最容易挥发。气物质按质量占原来物质的 98.2%。②冰物质，包括氧、碳、氮以及它们和氢的化合物，占原来物质的 1.4%，在标准条件下平均沸点约 255K。土物质的沸点约为 1 000℃。

今天，木星的氢含量约 80%，氦含量约 18%；土星的氢含量约 63%；天王星和海王星的氢含量只有 10% 左右。在木土区，气物质跑掉了一部分；而在天海区，气物质却跑掉了绝大部分，这里温度低，气物质跑掉，不是由于挥发，而是由于该区离太阳远，太阳的吸引力微弱，逃逸速度小，气体分子的热运动速度有大有小，热运动速度大的分子加上公转速度就可以超过逃逸速度而跑掉。所以，天王星和海王星主要是由冰物质组成，冰物质占 $\frac{2}{3}$ 以上，土物质和气物质合起来不到 $\frac{1}{3}$。

天文观测结果表明，星际物质和星云一般不仅有气体，也包含一些尘粒。星际物质对星光起消光作用，主要就是由于它里面的尘粒散射了星光。按质量计，尘粒约占星际物质的 1.5%，这包括 SiO_2、$MgSiO_2$、Fe_3O_4 和石墨等固体质点，以及由水（H_2O）、水化氨（$NH_3 \cdot H_2O$）、水化甲烷（$CH_4 \cdot 7H_2O$）等冻结形成的小冰块。星际物质里的尘粒的半径很小，只有 10 微米（1 微米等于 1 米的百万分之一，1 厘米的万分之一）左右。

星云盘刚形成时，由于温度较高，在类地区和木土区里的小冰块都融化了。在类地区里，连土物质的尘粒也熔化了。只是到后来，随着星云盘的温度降低，才在木土区重新凝聚出小冰块，在类地区凝聚出土物质的尘粒。类地区由于温度高，绝大部分的气物质和冰物质（都是气体）都跑掉了。

尘粒的质量比气体分子大，所以热运动速度较小，在太阳引力垂直分量的作用下，尘粒将在气体里沉淀，向赤道面下沉。但是，气体的摩擦力会对这种下沉起阻挡作用。于是，这里又出现了吸引—排斥矛盾。在这里，吸引是矛盾的主要方面，所以尘粒还是下沉，于是形成薄薄的一个尘层，行星就在尘层里逐步形成。尘粒集聚成较大的固体块，被称为星子。后来，星子逐步结合成为行星和卫星。在太阳系天体的形成过程结束以后，星云盘物质的绝大部分不是归入行星、卫星、小行星、彗星，就是跑掉了。星云盘也就消失了。残余的物质则成为行星际空间里的大大小小的流星体和行星际气体。

行星的形成

今天地球和其他类地行星基本上是固态的，所以只能是由固体质点和固体块集聚形成的。类地区里由于温度高，气物质和冰物质绝大部分都挥发掉了。天王星和海王星也是固态的，但大部分是冰，最多的是水冰和水化氨冻结成的冰。木星和土星的核心部分是由土物质和冰物质组成的固体，中部和外部是液态的，中部主要是金属氢，外部主要是分子氢。

尘粒在星云盘内气体中下沉时就已开始集聚了，它们一边下沉，一边集聚。这是行星

拓展阅读

金属氢

液态或固态氢在上百万大气压的高压下变成的导电体，由于导电是金属的特性，故称金属氢。从理论上来看，在超高压下得到金属氢是确实可能的。不过，要得到金属氢样品，还有待科学家们进一步研究。尽管目前还未把金属氢拿到手，但理论工作者推断，金属氢是一种高温超导体，是高密度、高储能材料。

形成过程的头一个阶段。尘粒的集聚只能靠碰撞。尘粒之间有相对运动速度，包括热运动和随着气体湍流的运动。如果两个尘粒大小差不多，相碰时可能碰碎，但也可能是一个尘粒和另一个尘粒的一部分（碎块）结合起来。如果大小相差很多，那么，碰撞的结果常会是较小尘粒的全部或一部分被较大的尘粒"吃掉"。当尘粒长大到不能再称为尘粒而应当称为星子时，大的星子遇到小的星子或尘粒，就更容易把它们吃掉。这个过程叫作碰撞吸积。由于运动和碰撞的随机性，由尘粒形成的星子在大小方面可以相差很多。尘层形成后，由于密度增大，碰撞会更加频繁，星子就长大得更快。那时，在今天每个行星所占据的区域里总会出现一个最大的星子，这样的星子便是行星的胚胎，称为行星胎。如果最大的星子不久以后在碰撞中被碰掉了相当大一部分，不是最大的星子了，那么原来第二大的星子就升上来，成为行星胎。

当行星胎半径大到 1 千米左右时，它的质量已经大到需要考虑它对星子

的吸引了。在这以前，集聚只靠碰撞，只有星子碰到行星胎时才会被"吃掉"。现在，只要星子接近行星胎到一定距离，它的运动方向就会由于行星胎的吸引而弯曲，逐渐接近行星胎，最终被"吃掉"。行星胎的生长主要靠引力，称为引力吸积。在一段时期内，碰撞吸积和引力吸积都起作用；以后，引力的作用便大大超过碰撞的作用，最后只需要考虑引力吸积了。

拓展思考

星 子

由气体和凝聚尘埃组成的太阳星云，经气体动力学相互作用把尘埃集中到太阳赤道面的薄云盘中。这一云盘重力不稳定，塌缩破裂，在云盘不同区域聚集众多化学成分不同的尘粒团簇。这些团簇引力碰撞聚生形成直径1～10千米，少数达上百千米的不同化学成分的行星吸积阶段的先驱小天体，被称为星子。

星子的平均半径越大，空间密度（单位空间体积内星子的数目）就越小。由于星子运动的随机性，从一个局部范围看，星子的分布可以很不均匀，每个星子常会处于一个不对称的引力场中，从而加速。所以，随着星子的增大，星子间的相对速度不是减小，而是缓慢地增大。星子是由尘粒形成的，原来的尘层已不能再称为尘层，而应当改称为吸积层。

星子都在绕太阳公转，所以它们之间的引力相互作用既会改变速度，也会改变公转椭圆轨道的偏心率和倾角。在今天地球轨道处，轨道偏心率等于0.04的星子之间可以出现大到60米/秒的相对速度。今天小行星的轨道偏心率平均为0.14，它们之间的相对速度大到约3千米/秒。

在类地行星区里的气物质和冰物质都挥发掉以后，只剩下土物质；而在土物质的星子集聚成行星以后，就再没有剩下多少东西了。在木土区里，固态的尘粒和星子集聚成行星的固态核，当其质量增大到10^{25}克时，固体核便开始吸积周围的大量的气物质，使它们成为行星的一部分。由于压力大，气体压缩成液体，所以，木星和土星的外部是液体，其中主要成分是氢，氢和氦占了这两个行星质量的绝大部分。在天海区里，由于离太阳远，太阳的吸引力微弱，逃逸速度小，气体逐渐逃逸掉了。气体的逃逸是很慢的，但由于星云盘里离太阳越远物质越稀薄，所以天海区里物质的密度比木土区和类地区都小得多，行星的形成过程进行得很慢，所以当天王星和海王星长大到足够吸积气体时，气体已经跑光了。所以，天王星和海王星的体积和质量比木星和土星小，除大气以外，整个是固体，大部分是冰。

卫星的形成

卫星是怎样形成的？这个问题比行星的形成更难解决。有关太阳系起源的一些学说认为，卫星的形成是行星形成的小规模重复。原始星云在收缩时由于自转加快而在原太阳周围形成一个星云盘，盘里的固体质点（包括原来存在于星际云内的以及星云盘形成后才凝聚的）逐渐集聚成行星。对于木星和土星，是先集聚成固体核，然后才吸积气体。但是，至少对于类地行星和天王星、海王星，它们卫星的形成不可能是行星形成的小规模重复，因为这些固态行星并不是由自转着的弥漫物质云形成的，所以不会分出星云盘来产生卫星。

知识小链接

星 云

星云包含了除行星和彗星外的几乎所有延展型天体。它们的主要成分是氢，其次是氦，还含有一定比例的金属元素和非金属元素。近年来的研究还发现星云含有有机分子等物质。

月球是地球的卫星，是除了流星体以外离地球最近的天体。关于月球的起源，也有几种不同的看法，大体说来有"分出说""俘获说""共同形成说"和"大碰撞说"这4种看法。关于双星的起源和行星物质的来源，也主要是这4种看法。①"分出说"认为，月球是从地球分出去的，所以月球的平均密度3.34克/厘米^{3}才和地球外层的密度差不多。有人甚至认为，月球是从太平洋分出去的。问题是，究竟什么力量使月球这么大的一个物体从地球分出去？地球的快速自转和火山暴发，其力量都不足以把这么大的一个物体抛出去。②"俘获说"认为，月球原来是在太阳系空间的另一处形成的，后来"走"到地球附近，才被地球俘获过来。所以，月球的化学组成才和地球不一样，月球的铁含量只有地球铁含量的一小半。③"共同形成说"认为，

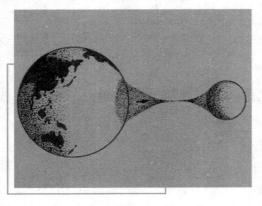

"分出说"示意图

月球和地球是由同一团弥漫物质形成的，地球形成后，在它周围的残余的弥漫物质再形成月球，并绕地球转动起来。④ "大碰撞说"是近年来关于月球成因的新假设。1986 年 3 月 20 日，在休士顿约翰逊空间中心召开的月亮和行星讨论会上，美国洛斯阿拉莫斯国家实验室的本兹、斯莱特里和哈佛大学史密斯天体物理中心的卡梅伦共同提出了大碰撞假设。

这一假设认为，太阳系演化早期，在星际空间曾形成大量的星子，星子通过互相碰撞、吸积而长大。星子合并形成一个原始地球，同时也形成了一个相当于地球质量 0.14 倍的天体。这两个天体在各自演化过程中，分别形成了以铁为主的金属核和由硅酸盐构成的幔和壳。由于这两个天体相距不远，因此相遇的机会就很大。一次偶然的机会，那个小的天体以 5 千米/秒左右的速度撞向地球。剧烈的碰撞不仅改变了地球的运动状态，使地轴倾斜，而且还使那个小的天体被撞击破裂，硅酸盐壳和幔受热蒸发，膨胀的气体以及大的速度携带大量粉碎了的尘埃飞离地球。这些飞离地球的物质，主要由碰撞体的幔组成，也有少部分地球上的物质，比例大致为 0.85：0.15。在撞击体破裂时与幔分离的金属核，因受膨胀飞离的气体所阻而减速，大约在 4 小时内被吸积到地球上。飞离地球的气体和尘埃，并没有完全脱离地球的引力控制，它们通过相互吸积而结合起来，形成全部熔融的月球，或者是先形成几个分离的小月球，再逐渐吸积形成一个部分熔融的大月球。

卫星系统和行星系统有许多相似的地方。规则卫星所组成的系统也具有共面性、同向性、近圆性，轨道面和中心体的赤道面大致符合，全部绕转体的总质量比中心体小得多，提丢斯—波得定则在这里也适用。另一方面，卫星系统和行星系统也有很不相同的地方：①卫星有规则卫星和不规则卫星之分，后者轨道偏心率和倾角都很大，一部分还逆行。②除地月系以外，其他卫星系统的轨道角动量都比中心体的自转角动量小，不存在角动量分布异常的问题。③中心体还不像太阳那样自己发光，不控制系统的温度分布，不大量抛射物质。如果只看到卫星系统和行星系统相似的地方，而看不到不同的地方，那我们就会陷入片面性。瑞典物理学家阿尔文过分地、片面地强调卫星系统和行星系统的相似性。他认为，不能同时说明卫星和行星的起源的学说一定是错误的，并把这个原则称为"天体演化学原则"。阿尔文的真意，是主张卫星形成过程和行星形成过程完全一样，都是按照他所提出的那种方式形成的。不过，阿尔文也承认不规则卫星和规则卫星很不一样，它们完全可能有不同的形成方式。

知识小链接

阿尔文

　　阿尔文（1908—1995 年），瑞典物理学家，1970 年诺贝尔物理学奖获得者。阿尔文是瑞典科学咨询委员会委员，瑞典科学院和瑞典工程科学院院士，美国科学院和前苏联科学院外籍院士。

　　木星有 13 个卫星，里面 5 个是规则的，外面 8 个是不规则的，木星有着太阳系里的第一大卫星系统。在木星形成过程的后期，引力吸积是主要的集聚机制，进入木星胎引力范围内的星子大部分都落入木星胎，成为它的组成部分。但是，如果有一个星子进入行星胎引力范围后和另一星子相遇，它的速度有可能减小，有可能从抛物线速度减小到椭圆速度，这样，它就不是落入行星胎，而是绕行星胎旋转起来。随着木星胎的质量变大，它的引力范围也越来越大，于是，绕它转动的星子越来越多，形成了一个星子盘。还有一个促使星子盘形成的重要因素，是木星胎的延伸气壳的形成。木星胎的质量增加到大约 10^{25} 克时，它就开始吸积气体，但起初的吸积过程很慢。因此，在此后一段时间内，木星胎主要仍然是吸积星子。然而，当绝大部分星子都已经被吸积，木星胎的质量增加到今天木星质量的 15% 左右时，木星胎就主要是吸积气体。在这个时间到来前后，木星胎周围的气体越积越多，终于形成为一个圆圆扁扁的很大的气壳。如果星子进入气壳内，它的速度就由于气体的阻力而降低，最后绕木星胎转动起来。如果星子原来轨道的偏心率和倾角比较大，那么，气体和固体质点的阻碍会使偏心率和倾角逐步减小，后来，这些绕木星胎转动的星子便逐渐集聚成木星的规则卫星。规则卫星绕木星胎转动的轨道原来也比较大，当木星胎由于吸积气体而质量增大，吸引力随之加强以后，卫星轨道的半长径才减小下来。木星的 8 个不规则卫星都很小，它们原来都是木星区或邻近区域（小行星区、火星区、土星区）里的星子，后来被俘获到木星胎气壳之外才成为木卫。这些不规则木卫由于一开始就处在气壳之外，所以它们轨道的偏心率和倾角现在仍然很大，最外面的 4 个小木卫甚至是逆行的。木卫一、二、三、四的平均密度都已定出，它们都比木星的平均密度大。这是因为，木卫由星子形成，质量比木星小得多。它们不能吸积气体，所以密度大些。

土星有着太阳系里的第二大卫星系统。土星有 10 个卫星，里面 8 个是规则的，外面 2 个是不规则的。土星的卫星系统的形成和木星的卫星系统的形成是一样的。在土卫十里侧，原来很可能还有过一个卫星，在土星胎吸积了气体，质量增加以后，原来的这个卫星进一步接近土星，终于被土星的潮汐力所粉碎，变成了许多小星子。这些小星子仍然绕土星转动，这就是人们今天看到的土星光环。

太阳系里第三大的卫星系统是天卫系统。天王星有 5 个卫星，它们都在天王星的赤道面上绕天王星转动。天王星的自转轴和公转轴有一个很大的交角，等于98°，这就是说，天卫绕天王星的轨道面和公转轨道面的交角大到98°。这种情况在太阳系里是独一无二的。根据上一节所描述的行星形成的过程，很可能是天王星在形成过程的后期曾经被天王区里一个很大的星子碰了一下，致使天王星从原来的自转方向改变到今天的自转方向，同时还碰出了一些物质，其中一部分就绕天王星转起来。这些物质开始时温度高达数千度，但很快就冷却下来，逐渐凝聚成固体质点，然后固体质点集聚成星子，在天王胎周围形成了一个星子盘，最后才逐渐集聚成天卫。今天天卫绕行星的轨道半径比木卫和土卫小，这也表明它们形成的方式不一样。

广角镜

潮汐摩擦力

潮汐摩擦力一般指海潮运动中海水与地球固体表面以及海水质点间发生的摩擦现象。潮汐是海水在月亮和太阳的引力影响下，加上地球自转动的离心力，产生有规律的上涨和下落现象。潮汐摩擦对地球运动有重要影响，它使地球自转变慢，而地球损失的动能大部分则以热能的形式放射到太空。

　　火星的两个小卫星原来是火星区或小行星区的两个星子，后来才被火星俘获过来，成为火卫。月球也很可能是地球区的一个很大的星子，后来被地球俘获过来，才成为地球的卫星。最近有人提出，地球形成以后几千万年，曾经被一个半径约 1 200 千米的残余大星子碰到，碰出了足够的物质以形成月球。当时地球物质已开始重力区分，被碰出的物质是含铁较少，密度较小的。这样就说明了月球的密度比地球的密度小。这是一种新的"分出说"。阿尔文则主张"俘获说"。他和其他一些研究太阳系起源问题的人认为，月球刚被地球俘获时是绕地球逆行的，由于地球对它的长期潮汐摩擦作用，才逐渐改变了月球绕地球轨道的倾角，使月球轨道的倾角从大于90°逐渐变成小于90°，月球从逆行变成顺行。月球绕地球逆行时，潮汐摩擦作用还使月球逐渐接近地球，而在月球变成顺行以后，又逐渐离开地球。阿尔文等人认为，地球原来有几个小的卫星，离地球都较近，在月球接近地球时，它把这些小卫星都一个一个地吞下去了，这就是最近观测到的月瘤。月瘤的质量从 4×10^{20} 克 ~ 1.4×10^{21} 克。月面上的一些海，也有可能是地球原来的小卫星落入月面时造成的。小卫星把月壳击穿，使内部的熔岩流出来，就形成了平坦的"海"。

　　海王星有 13 个卫星，里面的海卫一最大，逆行；外面的海卫二很小，顺行，它的轨道是太阳系中离心率最大的卫星轨道之一。阿尔文等人认为，海卫一原来也是海王区里的大星子，在不太远的过去才被海王星俘获过来，成为海王星的卫星。海卫一起初被俘获到绕海王星逆行的轨道上，潮汐摩擦作用使它逐渐接近海王星。它接近时把海王星原有的几个小卫星都吞了下去，只剩下海卫二没有吃掉。由于海卫一比月球晚得多被俘获，所以还没有足够的时间来从逆行变为顺行。有人提出，冥王星原来是海王星的一个大卫星，其轨道在海卫一轨道之内，海卫一原来绕海王星转动的轨道比今天的轨道大很多。后来海卫一和冥王星相遇，结果是海卫一的轨道变小了，损失的能量传给冥王星，使得冥王星脱离海王星的束缚，变成一个矮行星。

🔭 小行星的形成

　　在火星轨道和木星轨道之间，为什么不是形成一个大的行星，而是形成了许多小行星，这个问题到今天还没有一个被普遍接受的解释。早在 1804

年，当第一号到第三号小行星先后被发现以后，德国医生奥伯斯（他于1802年发现第二号小行星智神星，后来于1807年又发现第四号小行星灶神星）曾提出过"爆炸说"。他认为，在小行星区里先形成的是一个大的行星，后来这个行星爆炸了，分裂成许多碎块。碎块又互相碰撞，形成更小的碎块，于是成为大大小小的许多小行星。掉到地上的陨星也是这次爆炸的产物，所以才有陨铁、陨石之分：陨铁是该行星中心部分的碎块，陨石是该行星外部的碎块。由于是爆炸的碎块，所以陨星都具有不规则形状。今天观测到好多小行星的亮度呈周期性变化，很可能是因为这些小行星不是球状的，它们具有不规则的形状。

知识小链接

奥伯斯

奥伯斯，德国天文学家。他把自己的住所的顶层变成了一座天文台。他起初酷爱研究彗星，并于1797年研究出一种确定彗星轨道的方法，这种方法迄今还在应用。人们发现的第1002号小行星被命名为奥伯利亚，以纪念奥伯斯。

"爆炸说"的主要不足，是找不到爆炸的原因。有人认为，爆炸的原因是由于自转得太快。然而，自转快是一个可能的因素，仅仅快速自转是不会直接导致爆炸的。

有学者认为，在小行星区里先是由星子集聚成十几个不大不小的中介天体，这些中介天体彼此间的碰撞和再碰撞导致了大大小小的许多小行星的形成。像谷神星（1号小行星）那样少数几个大的小行星，则是未经受碰撞的原来的中介天体。这个"碰撞说"的不足在于，如果在那么大的小行星区里原来只有十几个中介天体，那么，它们相碰的机会就非常小。

拉普拉斯在他的"星云说"里曾提出，小行星是由原始星云的物质直接凝聚形成的。在19世纪的20多种"星云说"中，也有一部分认为小行星是由原始星云里的物质直接形成的。

根据各方面有关的观测事实，多数学者认为，小行星是由小行星区里的星子集聚形成的。在类地行星区里，由于温度较高，冰物质蒸发，都逐渐跑光了；在木土区里，相当大一部分冰物质冻结。小行星区的温度介于类地区和木土区之间，本区的冰物质绝大部分被蒸发，所以小行星和类地行星一样，主要是由土物质形成的。在木星区里，冰物质参加了木星的形成，原料丰富，所以木星胎生长得快。但是，在外面，有生长得也相当快的土星胎在和它争夺原料，而在里面，只有小行星胎，由于可用的原料少（占较大部分的冰物质不能用），它们生长得慢，所以这里的土物质原料有相当大一部分被木星胎抢过去了。这样一来，小行星胎就生长得更慢了。最大的谷神星胎本来可以成为这一

拓展阅读

小行星带

小行星带是太阳系内介于火星和木星轨道之间的小行星密集区域，由已经被编号的 120 437 颗小行星统计得到，98.5% 的小行星都在此处被发现。目前的小行星带包含两种主要类型的小行星：富含碳值的 C－型小行星和含硅的 S－型小行星。

区里唯一的行星胎，但是，在它开始引力吸积以前，原料就没有了，因为大多已被木星胎抢走。所以，该区不能形成独一的行星，而是形成了许多小行星。它们互相碰撞，再碎裂成为更小的小行星。当然这种看法还需要科学验证。

▶ 彗星的形成

　　彗星是太阳系里最特殊的天体。关于彗星的起源，各种学说的看法不一致，100 多年来，一直在争论着。

　　关于彗星的起源，最早被提出的是"星际说"，即认为彗星是在太阳系以外的星际空间里形成的，后来才进入太阳系，成为绕太阳公转的一类天体。开普勒、拉普拉斯都主张"星际说"。1948 年，有学者认为，太阳在银河系空间里运动时曾遇到一个星际云，它吸积了云的一部分物质，于是，这些物质便形成彗星。有一些研究者认为，银河系空间里本来就有大量的彗星体，它们主要是由冰物质组成的小天体，这些小天体一旦进入太阳的引力范围（其半径约 6 万天文单位），就被太阳俘获，成为彗星。

　　另一种看法认为，彗星是由类木行星或它们的卫星爆发时所抛射出的物

质形成的，因此，才有木星族彗星、土星族彗星等。

也有人认为，当小行星区里某个行星爆炸时，不仅产生了许多小行星，也产生了许多彗星。因为邻近木星的引力影响，大部分爆炸碎片远离太阳，其中有的离开了太阳系，有的就留下来成为轨道很大、很扁长的彗星。当彗星从远处回到木星附近时，它又可能由于木星的引力影响而变成轨道小得很多的短周期彗星。

一个彗星以抛物线速度向太阳"走"过来，如果不受木星的影响，它的轨道将保持抛物线；但在受到木星的引力影响以后，它的轨道变成了小的椭圆，这个彗星就变成短周期彗星了。继续在很大的轨道上绕太阳公转的那些彗星，在离太阳 1 万光年以上的外围形成了一个彗星云，彗星云里包含着数以千亿计的彗星。

还有一种看法认为，天王星、海王星、冥王星和彗星都是由星云盘外部的物质（主要是冰物质）形成的。彗核是没有落到行星胎上的星子，其组成大部分是冰物质，小部分是土物质，它们直接绕太阳公转。今天观测到的彗星光谱表明，彗星含有大量的氧、碳、氮以及它们和氢的化合物，所以，彗星主要是由冰物质组成的。有些彗星由于天王星和海王星的引力影响而改变了轨道，走到了离太阳很远的地方，所以，在冥王星轨道以外，一直延伸到离太阳几千天文单位处，形成了一个彗星云。这种看法相较而言可能是正确的，但也不能排除一部分彗星是从太阳系以外的星际空间来的。

太阳系的演化

在行星、卫星等天体都形成以后，太阳系也不是就不变了，而是在不断地演化着。我们人类生活的地球也在不断地演化着，如地壳运动、圈层分化、火山活动等。地球演化的各种表现，正是地球科学工作者的研究对象。太阳作为一个恒星，也在不断地演化着。它今天是一个主序星，内心部分的氢在不断地转化为氦，几十亿年以后，它就将成为一个红巨星。太阳的表层也经常发生变动，也就是所谓太阳活动。有时候，太阳表层爆发的规模远超过地球上最猛烈的火山爆发。地球以外的其他行星，月球和其他卫星，也都是在不断地演化着。彗星的演化尤其迅速，有些彗星在接近太阳时就分裂为几个部分，有些则整个瓦解，转化为弥漫物质。彗星的轨道也在不断地变化。

基本小知识

地壳运动

地壳运动指包括花岗岩－变质岩层（硅铝层）和下部玄武岩层（硅镁层）在内的整个地壳的运动。广义的地壳运动指地壳内部物质的一切物理的和化学的运动，如地壳变形、岩浆活动等；狭义的地壳运动指由地球内引力作用所引起的地壳隆起、拗陷和各种构造形态形成的运动。

太阳系作为一个系统是怎么样演化的，以行星为中心的各个卫星系统是怎么样演化的？这些是太阳系演化史不可缺少的部分。如果上面所描述的星云盘演化史是正确的话，那么，行星的轨道半长径最初都比今天的轨道半长径小。太阳在金牛座 T 型星阶段里抛射掉大量物质，它的吸引力减弱以后，各行星的轨道半长径才增加到今天的数值。至于从那时候以来 40 多亿年间，轨道半长径有没有变化，如何变化，这个问题则不容易回答。根据天体力学的研究，行星公转轨道的半长径，长时间来没有经过大的变化。但是，这个问题还需要继续研究。

近年来，在这方面提出来一个新的问题，那就是，行星的公转轨道会不会由于万有引力常数 G 在不断减小而不断地加大。如果两个物体的质量分别为 m_1 和 m_2，它们彼此间的距离为 r，那么，根据万有引力定律，这两个物体之间相互吸引的力就等于 $G\dfrac{m_1 m_2}{r^2}$。近几十年来，出现了一些理论，认为 G 不是常数，而是一个随着时间的流逝正在减小的数。如果 G 真的在减小，那么，这对太阳系演化史的影响就大了。如果 G 在减小，那么，太阳对行星的吸引力就在减小，地球和其他行星就应当是在逐渐离开太阳，即轨道半长径在缓慢地增大。如果 G 在减小，行星对卫星的吸引力也在减小，因此卫星也在逐渐离开行星。此外，如果 G 在减小，地球的自吸引也就在减小，地球便应当在缓慢地变大。最近有人总结有关的资料，得出地球半径每年增加6~7毫米的结论，并认为这很可能是由于万有引力常数 G 在减小而引起的。匈牙利的一个地球物理工作者艾佑埃得，于 1960 年提出了一个有关太阳系起源的学说，他就是以 G 在减小为前提。他认为，形成行星的物质都是从太阳抛射出来的。由于万有引力常数在减小，这样，当太阳赤道上离心力等于吸引力的时候，太阳就抛射出物质，这些物质就形成了冥王星。抛射使太阳的半径减小一点，相应地吸引力增加一些。但是，由于 G 在减小，吸引力总的趋势总是减小的，过一段时间，又会出现太阳赤道上离心力和吸引力相等的情况，于是太阳又抛射物质，这就形成了海王星。太阳像这样先后抛射 9 次，相应地形成了 9 个行星。最后，由于太阳赤道的离心力不再能等于吸引力，行星形成的过程才停止。这个学说以 G 减小为出发点，假如 G 不减小，这个学说就不能成立了。

由地球和月球组成的地月系的演化情况，我们已经了解得比较清楚。月球的潮汐摩擦作用一直在使地球的自转速度变慢，使地球的自转周期每 100 年增长 0.0015 秒。人们从约 4 亿年前的珊瑚化石推算出当时每年有 400 天，这是地球的自转周期由于潮汐摩擦而增长的可靠证据。潮汐摩擦也使得月球逐渐离开地球。

太阳系里除了太阳、行星、小行星、卫星、彗星以外，目前还有大量的流星体，即大大小小的固体质点和固体块，这一点已是无可怀疑。经常落在地球上的陨星以及产生流星现象的小天体，就是这样的流星体。天气晴朗时的傍晚或黎明，当逢黄道和地平线的交角较大时，我们会看到一种黄道光，这很可能是一个以太阳为中心的透镜状的流星物质云反射太阳光而产生的。月球上大大小小的环形山，绝大部分就是由于流星体撞击而产生的。前面讲过，甚至月面上很大的"海"，也是由于很大的流星体撞击月面，击穿外壳，使月球内部的液态物质流出来而形成的。在火星和水星表面也发现了好多环形山，它们也是流星体撞击造成的。

太阳系里的流星体，一部分是原来星云盘里星子的残余，另一部分则是在太阳系演化过程中逐渐形成的。这些过程包括彗星的瓦解，小行星的互相碰撞，行星和大卫星上的爆发等。例如，彗星瓦解后就形成一个流星群，太阳的潮汐作用则使流星群沿着轨道逐渐散开。

知识小链接

黄　道

黄道，地球绕太阳公转的轨道平面与天球相交的大圆。由于地球的公转运动受到其他行星和月球等天体的引力作用，黄道面在空间的位置产生不规则的连续变化。但在变化过程中，瞬时轨道平面总是通过太阳中心。这种变化可以用一种很缓慢的长期运动再叠加一些短周期变化来表示。

半径小于 1 微米的流星体会因为太阳光压力的驱赶而离开太阳，有些甚至会离开太阳系。对于质量在 $10^{-10} \sim 10^5$ 克的较大的流星体，太阳的光压会起另一种作用。由于流星体的公转轨道都是椭圆，偏心率一般较大，太阳光压对流星体的公转会起到制动作用，使它们的公转速度降低，从而向着太阳下落。在地球轨道附近的流星体，如果半径为 1 毫米，密度为 1.5，那么，它们只要过 100 万年就会由于太阳光压对它们公转的阻力而落入太阳。不过，在实际上，当流星体很接近太阳时，太阳的光和热会使它们蒸发，使之化为气体而扩散掉。

除了流星体以外，太阳系空间里还充满着气体，这些行星际气体很稀薄，每立方厘米只有几个到十几个分子。行星际气体的主要来源是太阳的粒子辐射，包括太阳风和太阳发出的宇宙线。此外，行星大气的蒸发、彗发和彗尾的扩散、行星和大卫星上的爆发、天体的互相碰撞，以及来自太阳系以外的宇宙线，都能把气体输送到行星际空间里。行星际气体一方面离开太阳系，另一方面又从上述各种过程而不断地得到补充。这也是太阳系演化的一个方面。

太阳系的运动

太阳系是由太阳和围绕它运动的天体构成的体系及其所占有的空间区域。太阳系就是我们现在所在的恒星系统。它是以太阳为中心，和所有受到太阳引力约束的天体的集合体：8颗行星（冥王星已被开除）、至少165颗已知的卫星，和数以亿计的太阳系小天体。

太阳系天体的自转

自转在天体中是很普遍的现象，也是研究天体演化的重要资料。过去，人们一直以为水星的自转周期恰等于它的公转周期，即 88 天。到了 1965 年，通过雷达观测，天文工作者才确定了水星的自转周期等于 58.6 天，这正好是它公转周期的 $\frac{2}{3}$。金星表面经常笼罩着一层浓厚的云，测定它的自转速度相当困难，因此，关于金星的自转周期，长时间内没有一个公认的数值。不同测定得到的自转周期有长到 225 天（恰好等于公转周期）的，也有短到小于 1 天的。1964 年，通过雷达观测，人们定出金星的自转周期等于 244.3 天，而且与公转是反向的。这样，在八大行星中，有 6 个是正向自转的，即自转方向同公转方向一样，不过，它们的自转轴对公转轴大半都有二十几度的倾角；天王星是侧向自转的，即"躺着"自转，它的自转轴和公转轴几乎垂直；金星则是反向自转。

知识小链接

自转轴

自转轴是天体自身旋转的两极点之间的连线，或者说是天体自身旋转时角速度和线速度均为零的那一条直线。

地球自转轴是南极极点和北极极点之间的连线，与赤道面呈 90° 夹角，地球的自转轴又叫地轴。

一般的行星、卫星等都会有自转现象，同样恒星也会有自转现象。

在卫星中，只有月球、木卫一、木卫二、木卫三、木卫四、海卫一和火卫一这 7 个卫星的自转周期是人们已经知道了的，它们的自转周期都分别等于各自绕行星转动的周期。这种自转称为同步自转，是行星和卫星之间的潮汐作用的结果。

在已经定出轨道并加以编号的 1 800 个小行星中，有 50 多个的自转周期已经被测定出来，从 2 个多小时到 18 小时不等，平均 8.6 小时。自转轴在空间的取向则多种多样，看不出有什么规律性。

有些彗星的核也在自转，周期是几小时。太阳的自转有些特别，纬度越大，自转速度越慢。赤道处的自转周期等于 25.4 天（自转线速度为 2.0 千米/秒），纬度 15° 处为 25.5 天，30° 处为 26.5 天，60° 处为 31.0 天，近极处约 35 天。太阳的这种自转方式称为较差自转。太阳的自转轴对地球公转轴的倾角为 7°15′，对不变平面法线的倾角为 5°56′。

◐➤ 行星自转的起源

自转是天体的一种普遍现象，但天体的自转有不同的产生原因。太阳的自转是由于原始星云已在自转着，而原始星云的自转可能是由于原始星云所属的更大的星际云里出现了漩涡。关于行星的自转，康德的看法是尘粒和星子落入行星胎时把角动量带给行星胎，使它自转起来。19 世纪出现的几个"星云说"都同意康德的看法。也有一些学说提出了完全不同的行星自转起源。例如柯伊伯提出的"原行星学说"，认为很大的原行星本来不自转，太阳对它的吸引使它向着太阳的部分凸起来，形成一个隆起部分，当行星向前公转时，这个隆起部分偏离太阳的方向，但太阳对隆起部分的吸引把它拉回到向着太阳的方向，这样，实际上就强迫行星自转起来，而且行星的自转周期和公转周期一样，即同步自转。由于原行星内的气体绝大部分或全部离开了原行星，剩下的固体部分收缩，按照角动量守恒定律，自转速度随之增大，自转周期才不再等于公转周期，而是短于公转周期。这种看法的错误，在于先形成原行星这个基本假设。多余的大量气体，靠太阳的辐射来驱赶是不行的。所以，行星的自转不会是这样产生的。但是，离行星较近的大卫星的自转，则很可能是这样产生的。虽然卫星都是固态的，行星对它的引力作用仍然能使它向着行星的部分略微隆起，从而迫使卫星同步自转起来。事实上，今天已定出自转情况的卫星，月球，火卫一、二，木卫一、二、三、四，海卫一，都是同步自转的，即自转周期等于绕行星转动的周期。月球向着地球的部分也的确有一个小小的隆起，比两边高出 300 米左右。一部分土卫也可能是同步自转。

理论分析表明，行星的自转起初都比现在快，周期只有几小时。离太阳较近的行星，由于太阳的潮汐作用才降慢了自转速度，使自转周期增加。所以，地球和火星的自转周期大到 24 小时左右，水星的自转周期大到 58.6 天。

天王星和金星的自转情况是很特殊的。天王星是"躺着"自转的，自转轴对公转轴的倾角大到 98°；金星则逆向自转，自转周期约等于 243 天。在行星形成末期，行星区里还未和行星胎结合起来的星子有大有小，其中大的星子可以大到和行星胎差不太多，比月球还大，这种大星子斜碰到行星，就可以大大改变行星原来的自转情况。八大行星中，水星和木星的自转轴倾角很小，地球、火星、土星、海王星的自转轴倾角都是 20 多度，这很可能都是在行星形成晚期有较大的星子碰到行星胎所造成的。很可能金星胎原来也是正向自转的，后来由于有一个比月球还大的大星子从内侧（较靠近太阳那一边，因为星子都是正向公转的）斜着落入金星胎，把很大的角动量带给金星胎，才使金星胎的自转从顺向变为逆向。逆向自转的金星，最初它的自转周期很短，可能在 10 小时左右，后来由于太阳的潮汐作用才增长到今天的 243 天。天王胎也可能是被一个很大的星子所碰撞，才变得侧向自转起来，碰撞时碰出的物质，就成为形成天王星的 5 个卫星的材料。

拓展阅读

矢 量

矢量：矢量即向量，既有大小又有方向的量。一般来说，在物理学中称矢量，在数学中称向量。在计算机中，矢量图可以无限放大，永不变形。

在行星形成的晚期，大星子落入行星胎，这不仅是行星自转轴倾斜的原因，也很可能是行星公转轨道具有偏心率和倾角的主要原因。如果大星子向着行星胎前来的运动速度矢量大致穿过行星胎的质量中心，那么，大星子的撞击就会使行星胎公转轨道的偏心率和倾角增大，增大多少则取决于大星子速度矢量对行星公转轨道面的倾角和对公转速度方向的偏离。大星子速度矢量对公转轨道面的倾角越大，行星的轨道倾角就改变得越多；对公转方向的偏离越大，行星的轨道偏心率就改变越多。如果大星子速度矢量偏离行星胎的质量中心，朝向行星胎的边缘，那么，受到改变的主要是行星自转轴的倾角。水星的轨道偏心率和倾角在行星中是最大的。对于水星胎，其外侧有较多的大星子，所以水星的轨道偏心率和倾角都特别大。

水　星

水星，中国古代称为辰星，是太阳系中的类地行星，主要由石质和铁质构成，密度较高。自转周期很长，为 58.65 天，自转方向和公转方向相同，水星在 88 个地球日里就能绕太阳一周，是太阳系中运动最快的行星。水星无卫星环绕，它是八大行星中是最小的行星，也是离太阳最近的行星。

通过对亮度变化的观测，已定出了 50 多个小行星的自转周期。小行星自转的原因，很可能是小行星之间的碰撞。有人认为，小行星最初有气壳，当 2 个小行星相碰时有可能合成为 1 个，同时以 4~5 小时的周期自转起来。

▶ 行星和卫星的轨道运动

太阳系的中心天体是太阳，环绕着太阳有 8 个行星（包括三十几个卫星）以及许多小行星、流星体和彗星。行星和小行星几乎都在同一个平面上绕太阳转动，大部分卫星也几乎在这同一平面上绕各自的行星转动，它们的转动方向一样，而且这个方向又正是太阳自转的方向。行星绕太阳转动的轨道和大部分卫星绕行星转动的轨道都是和正圆相差很少的椭圆。上述这 3 个运动特征叫行星和卫星的轨道运动的共面性、同向性和近圆性。这些运动特征在研究太阳系发展史上具有重要意义。

行星绕太阳运行的轨道是椭圆。设此椭圆的半长径和半短径分别为 a 和 b，则表示椭圆对正圆偏离程度的偏心率 e 为

$$e = \frac{\sqrt{a^2 - b^2}}{a}$$

e 越小，轨道越接近正圆；$e=0$ 表示轨道是正圆。轨道面对黄道面（即地球公转轨道面）的倾角以 i 表示；若 i 大于 90°，就表示转动是反方向的。

行星轨道面对不变平面（八个大行星的平均轨道面）的倾角，只有水星大些，为 6°17′，其他的都很小，都小于 2°10′，这表现了轨道运动的共面性

和同向性。偏心率也只有水星的比较大，为 0.206，其他的都小于 0.1，这表现了轨道运动的近圆性。卫星的情况却复杂些，三十几个卫星中有 11 个的轨道面对行星轨道面的倾角大于 90°，它们绕行星的转动方向和行星绕太阳的转动方向相反，这些是所谓逆行卫星。土星最外面的卫星——土卫九是逆行的。木星最外面的 4 个小卫星——木卫十二、十一、八和九也都是逆行卫星。不过，离海王星很远的海卫二不是逆行的，而离海王星很近而且比海卫二大得多的海卫一却是逆行的。天王星和它的卫星系统都很特殊，天王星的自转轴和公转轴几乎垂直，前者对后者的倾角，也就是赤道面对轨道面的倾角为 98°（地球只有 23.5°）。5 个天卫的轨道都在天王星的赤道面上，所以 5 个天卫绕天王星转动的轨道也几乎和天王星的公转轨道垂直。

在研究太阳系演化史时，一般把卫星分为两类：规则卫星和不规则卫星。规则卫星绕自己行星运动的轨道面对行星赤道面的倾角和偏心率小，离行星距离的分布有规则；不规则卫星的倾角和偏心率大，距离分布不规则。归入规则卫星的有木卫一至五，土卫一至七和土卫十，天卫一至五，共 18 个。它们的轨道对行星赤道面的倾角都不大于 1.5°。偏心率，除了土卫七的等于 0.104 以外，其余的都小于 0.03。月球，木卫六至十三，土卫八和九，海卫一和二，都是不规则卫星。它们的轨道面对行星赤道面的倾角都大于 14°；轨道偏心率，除了月球、土卫八和海卫一以外，都大于 0.13。两个小火卫，虽然它们的 i 和 e 都较小，但仍归入不规则卫星。这是因为：第一，火卫一绕火星转一周的时间（7 小时 39 分钟）只有火星自转一周时间（24 小时 37 分钟）的 $\frac{1}{3}$ 不到，这种情况在卫星中是独一无二的；第二，火卫二的 a 值和火卫一的 a 值的比率远大于 2，这和土卫八和土卫九类似，而规则卫星的这种比率都小于 2。

总而言之，约 $\frac{1}{2}$ 卫星的轨道运动具有共面性、同向性、近圆性；另 $\frac{1}{2}$ 的卫星这 3 个特征或者全没有或者少 1 种或 2 种。

已经定出轨道和编号的 1 800 个小行星，其 i 值和 e 值一般说来都比行星大。i 值有大到 52°的，平均 i 值为 9.5°。e 值有大到 0.83 的，平均为 0.14。但是，小行星的 i 值没有大于 90°的，所以没有逆行的小行星。彗星的 i 值和 e 值范围比小行星大得多，在周期长于 15 年的彗星中，约 $\frac{1}{2}$ 是逆行的；在已定出轨道的 600 来个彗星中，$\frac{1}{2}$ 以上的 e 值等于 1 或略大于 1。

太　阳

　　太阳是距离地球最近的恒星，是太阳系的中心天体。太阳系质量的 99.87% 都集中在太阳。太阳系中的八大行星、小行星、流星、彗星、外海王星天体以及星际尘埃等，都围绕着太阳运行（公转）。

　　在茫茫宇宙中，太阳只是一颗非常普通的恒星，在广袤浩瀚的繁星世界里，太阳的亮度、大小和物质密度都处于中等水平。只是因为它离地球较近，所以看上去是天空中最大最亮的天体。其他恒星离我们都非常遥远，即使是最近的恒星，也比太阳远 27 万倍，看上去只是一个闪烁的光点。

太阳的结构

太阳是我们最熟悉的天体，它给我们地球带来的光明和温暖，是我们每个人都有切身体会的。自古以来人们就对太阳充满了感情，许多国家都有关于太阳神的故事。我国古代传说中的太阳神是我们中华民族的祖先炎黄二帝中的炎帝，古时人民常受饥寒之苦，是炎帝教会了他们农业耕种。

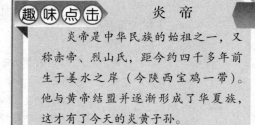

趣味点击　炎帝

炎帝是中华民族的始祖之一，又称赤帝、烈山氏，距今约四千多年前生于姜水之岸（今陕西宝鸡一带）。他与黄帝结盟并逐渐形成了华夏族，这才有了今天的炎黄子孙。

希腊神话中的太阳神阿波罗，是主神宙斯的儿子，英俊，潇洒，威武健壮，每天驾着由四匹马拉着的金马车，趁星星稀疏、晨光熹微的时候，登上天空大道，冲破黑暗，为大地带来光明。

太阳又大又亮，是因为它距离地球很近，事实上它只是一颗十分普通的恒星，如果太阳也和其他恒星一样遥远，那就没有地球上今天这种生机勃勃的景象了。由于地球围绕太阳运动的轨道是椭圆形，而太阳位于椭圆的一个焦点上，所以地球到太阳的距离总是在变化的。太阳与地球的平均距离大约是 1.5 亿千米，天文学中就把这个数字叫作 1 个天文单位。其他天体的距离也可以用天文单位来衡量。光速是 30 万千米/秒，太阳光到地球，约需 8.3 分钟的时间。

太阳的直径大约为 140 万千米，是地球直径的 109 倍；质量达 2 000 亿亿亿吨，是地球质量的 33 万多倍。

太阳表面的温度高达 5 500℃，它每平方米表面积内所发出的热量就相当于一个 63 000 千瓦发电站的发电总量。太阳又是那样光耀夺目，它比肉眼能看见的普通恒星大约要亮 10 万亿倍。太阳已经这样辉煌地照耀了 50 亿年，而且在未来的 50 亿年内，它仍然还会继续这样辉煌地照耀下去。

太阳表面的温度那么高，太阳中心的温度就更高了，起码在 1 500 万℃以上。这样的高温，在地球上是难以想象的，炼钢炉里的温度是 2 000 多℃，电弧炉可达 5 000℃，但距离 1 500 万℃还差好大一截呢！不管是熔点多高的物质，都抵挡不住这么高的温度而早就化为气体了。所以说，太阳是一个炽热的气体星球。

天文学家根据太阳大气不同深度的不同性质和特征，把它从里向外分为几个层次。太阳的中心部分叫日核，它的半径大约为 0.25 个太阳半径。日核虽然不算大，但太阳的大部分质量却集中在这里，而且太阳的光和热也都是从这里产生的。那么，太阳的巨大能量是怎样产生的呢？理论研究表明，它是在氢原子核聚变为氦的过程中释放出来的，因此，日核也叫"核反应区"。

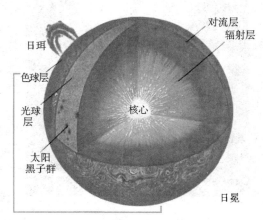

太阳结构示意图

日核外面的一层叫辐射区。日核产生的能量通过这一区域，以辐射的形式向外传出。它的范围为 0.25～0.86 个太阳半径。这里的温度比太阳核心低得多，大约为 70 万℃。

广角镜

对流层

下层，厚度（8～17 千米）随季节和纬度而变化，随高度的增加平均温度递减率为 6.5℃/千米，有对流和湍流。天气现象和天气过程主要发生在这一层。

对流层是恒星内部冷热气体不断升降对流的区域。

辐射区外的一层称为对流层。太阳大气在这一层中间呈现剧烈的上下对流状态，它的厚度大约 10 万千米。

对流层外是光球，就是我们平时所看见的明亮的太阳圆面，这里所说的太阳半径，就是从太阳中心到光球这一段。光球厚度约 500 千米。太阳光球的中间部分要比四周亮一些，这叫"太阳临边昏暗"现象。这种现象的产生，是由于我们看到的太阳圆面中间部分的光是从温度较高的太阳深处发射出来的，而圆面边缘部分的光则是由温度较低的太阳较浅的层次发出来的。

日　冕

光球之外是非常美丽的红色的色球层。色球层的厚度大约2 000千米，上面布满了大小不一、形态多变的头发状的结构叫针状体。色球层的温度越往外面越高，最外层的温度高达几万℃。平时我们看不到色球层，这是因为地球大气中的分子和尘埃散射了太阳光，使天空变成了蓝色，色球层就淹没在蓝色背景之中。日全食的时候，当太阳光球被月亮完全遮住的那一瞬间，美丽的色球层就能显露出来。为了平时也能对色球进行观测和研究，科学家发明了色球望远镜，这种望远镜上附加了一种只允许红光通过的滤光器。

日冕是太阳大气的最外面一层，从色球层的边缘向外延伸出，分为内冕和外冕，内冕厚约0.3个太阳半径，外冕则达到几个太阳半径甚至更远。日冕的亮度只有光球的$\frac{1}{100}$，平时根本看不见，只有在日全食的时候，日冕才显露出它的"庐山真面目"。日全食的机会很少，科学家又发明了日冕仪，这样，平时就可以对日冕进行观测和研究了。日冕的温度相当高。太阳光球的温度大约是6 000℃，越往外温度越高，到了色球和日冕交界的区域，温度可达几十万℃，外冕的温度达几百万℃。太阳大气的温度从里到外急剧增高的现象是什么原因造成的呢？目前还不能解释清楚。至于外冕的温度有多高至今还不能测定。日冕的形状不是固定不变的，它有时大致为圆形，有时呈扁圆形，有时又呈不规则的形状。日冕形状的变化与太阳表面的活动有关系。

太阳的质量

说起太阳的质量，还得从伦敦的瘟疫谈起。

1665 年，在英国首都伦敦发生了一场瘟疫，被传染的人不死也被折磨得半死。人们害怕瘟疫，纷纷从首都逃离。一时，繁华热闹的伦敦街头变得冷冷清清。

为了躲避瘟疫，剑桥大学不得不放假，学生们因此纷纷回家乡去了。牛顿当时也在剑桥大学，他也因此回到了家乡林肯郡。

一天夜晚，在深沉的夜色中，一轮明月高高挂在天空，显得无比幽静而神奇。

这时。年轻的牛顿独自坐在自己家的果园里沉思。

突然，一只苹果从树上掉了下来，落在牛顿脚边。这个不为人注意的自然现象。却触动了牛顿的"灵感"，从此他就经常观察物体下落的现象，探索物体下落的原因。他得到这样的结论：一切物体向地面降落是因为地球在吸引它们。他又问自己：月球为什么不落到地面上来呢？经过研究，他把物体之间相互吸引的问题进一步推广到月球、行星和一切天体。这就形成了万有引力定律。

在牛顿以前，曾经有人猜想，引力是和距离平方成反比的。牛顿想证明这个猜想。可是当时没有精确的地球半径数值，牛顿无法完成自己的证明。

拓展阅读

牛顿

牛顿是人类历史上出现过的最伟大、最有影响的科学家之一，同时也是物理学家、数学家和哲学家。他在 1687 年 7 月 5 日发表的不朽著作《自然哲学的数学原理》里用数学方法阐明了宇宙中最基本的法则——万有引力定律和三大运动定律。这四条定律构成了一个统一的体系，被认为是"人类智慧史上最伟大的一个成就"，由此奠定了之后三个世纪中物理界的科学观点，并成为现代工程学的基础。牛顿为人类建立起"理性主义"的旗帜，开启工业革命的大门。

没办法，他只好等待。

1671 年，法国天文学家皮卡尔测得了比较精确的地球半径数值。这一消息传到牛顿耳朵里，他立即采用这个数值进行计算。越计算，他预期的结果越明显，他激动得无法继续计算下去，不得不由他的朋友代他继续计算。

经过牛顿的精心研究，万有引力定律问世了。这个定律指出，万物彼此吸引，吸引的力量大小与参加吸引的物质的质量成正比，与它们之间的距离平方成反比。

知识小链接

皮卡尔

皮卡尔，法国天文学家。1620 年 7 月 21 日生于萨尔特省拉弗什，1682 年 7 月 12 日卒于巴黎。皮卡尔（他最后成了罗马天主教的教士）在伽森狄手下钻研天文学，他是法国科学院的创始人之一，并协助创办了巴黎天文台。

万有引力定律为天文学家"秤"天体提供了重要的科学秤，从此"秤"太阳质量就有了可能。

利用万有引力定律作"秤"，用地球作"秤砣"，天文学家测量出太阳质量是地球的 33 万倍。这就是说，如果把太阳放在天平上，用地球作砝码，需要加 33 万个地球在天平的另一端，天平才能平衡。地球的质量是 60 万亿亿吨，因此，太阳的质量是 2 000 亿亿亿吨。

太阳质量在太阳系各成员中是最大的。据计算，太阳系质量的 99% 以上集中在太阳上。

由于太阳具有巨大的质量，所以它的吸引力是很大的。太阳所以能成为太阳系的家长，能够紧紧地把太阳系的成员拉在自己周围，给它们"规定"运行的路线、行动的速度和各自的地位，都是靠它的强大的吸引力。太阳对它表面物质的吸引力是地球的 27.5 倍。就是说，一个体重 60 千克的人，如果到了太阳上，他的体重将变成 1 650 千克。不要说烈火熊熊的太阳表面人们无法上去，就是将来防温隔热的问题解决了，人类也休想登上太阳，因为到了那里，强大的太阳吸引力会把人压垮的。

太阳质量虽大，但它的密度只有地球的 $\frac{1}{4}$，即 1.41 克/厘米^3，不到水密度的 1.5 倍。太阳的密度是很不平均的，太阳中心集中了很多物质，密度为 160 克/厘米³，是黄金密度的 8 倍；而在太阳外面的大气层里，物质则稀薄得像轻纱，比鸿毛还轻。

▷ 太阳的运动

在中国科学院紫金山天文台的会议室里，陈列着 4 尊我国古代天文学家塑像，其中一位是唐代的一行。一行是个和尚，又是一名出色的古代天文学家。一行的第一个贡献就是再次测定了恒星的位置。一行把自己测量的恒星位置和汉代的测量相对照，发现有了较大的变化。这是古人从来没有想过的。很可惜，当时他没有对这种变化的原因作出解释，以致让一项重要发现推迟了 1 000 多年。

18 世纪，发现哈雷彗星的爱德蒙·哈雷完成了这项发现。哈雷是英国著名的天文学家，1713年，他注意到天狼星、毕宿五、大角和参宿四这 4 颗星的位置同古星表上的位置在黄纬上大不相同。他考虑了各种误差的影响后，很有把握地指出，不仅这 4 颗星，别的恒星也可能是这样的。哈雷这一精辟的见解引起很大的反响，

你知道吗

哈　雷

爱德蒙·哈雷，1656 年 10 月 29 日出生于伦敦，1742 年 1 月 14 日逝世于伦敦，英国天文学家、地质物理学家、数学家、气象学家和物理学家。

有的学者表示赞同，有的学者举手反对。经过以后的观测，证实了恒星本身的确在运动。

恒星在空间的运动朝各个方向的都有，有的朝东，有的朝西，有的不断接近太阳，有的不断远离太阳。

恒星都在运动，太阳有没有运动呢？太阳系有没有运动呢？答案是有的。太阳有 3 种运动：①自转，像地球那样，围绕自转轴转动，大约 27 天转一圈。②带着太阳系成员一道向武仙座方向"奔跑"。这种"奔跑"的速度是 20 千米/秒，比骏马奔跑的速度快得多，炮弹的速度也追不上它。太阳以这样

快的速度在银河系内奔驰，会同其他恒星相碰撞吗？不用担心！银河系里有广阔的空间，这种碰撞的机会比太平洋里两条小鱼游到大西洋里相会还难！③和银河系里其他恒星一道，围绕着银河中心转。这就是太阳的公转，太阳的公转速度是地球公转速度的 8 倍，天文工作者测定，太阳和它的家族相对于银河中心的转动速度是 250 千米/秒，转一圈大约 2.5 亿年。目前，太阳正带着它的家族向天鹅座方向前进。

在这里，又是说太阳带着太阳系成员向武仙座方向奔跑，又是说太阳带着它的家族向天鹅座方向前进，这是怎么回事呢？原来，太阳和它的家族好比整个蜂群中的一只蜜蜂。"蜂群"在围绕银河中心旋转，这种集体行动使得太阳和它的家族向天鹅座方向前进。同时，"蜂群"里的每一只"蜜蜂"又可自由飞翔。太阳和它家族向武仙座方向"奔跑"，就是"蜂群"里每一只"蜜蜂"在"蜂群"里的自由飞翔。

由于太阳系的每一个成员都跟着太阳以同样的速度运动，因此太阳虽然在永不停息地快速运动着，但我们却感觉不到它的运动，这正如我们感觉不到自己在跟随地球自转一样。

▶ 阳光的奥秘

尽管太阳是距离我们最近的一颗恒星，但是由于太阳的高温状态，人类不可能像探测月亮一样到太阳表面去进行实地考察，要想深入地了解太阳，主要依靠太阳发出的光。

基本小知识

阳 光

阳光是太阳上的核反应"燃烧"发出的光，经很长的距离射向地球，再经大气层过滤后到地面，它的可见光谱段能量分布均匀，所以是白光。

对阳光的研究，最早可以追溯到 17 世纪。1672 年，在英国剑桥大学的一间学生宿舍里，后来成为大物理学家的牛顿（1642 ~ 1727 年）做了一个非常有意义的实验。他让一束太阳光从窗洞射进来，并穿过一块三棱镜，这时奇迹发生了：原来的一束白光扩展成一条美丽的彩色光带，就像雨后彩虹一样，呈现出红、橙、黄、绿、青、蓝、紫等颜色。这个实验说明，白色的太阳光实际上是由上述几种不同颜色的光混合而成的。这条美丽的彩色光带就叫太阳的光谱。

光究竟是什么呢？牛顿认为，光是一种微粒，一束光就是一连串小粒子，像连珠炮似的从光源射出。而与牛顿同时代的荷兰物理学家惠更斯（1629～1695年）却认为，光是一种波动，就像水面上荡漾着的波浪，一起一伏地向前传播。经过一代又一代科学家的不断研究和探索，到 20 世纪初期，人们逐渐认识到光同时具有波动和微粒两种性质。就传播的方式来说，光是一种电磁波；但它所输送的能量却凝聚成一颗颗光子。

我们平时所看见的太阳光，是人的眼睛所能感觉的光波，即可见光。事实上，除了可见光之外，太阳还发射许多种看不见的光线，如红外线、无线电波、紫外线、X 射线、γ 射线等，这些都是电磁波。各种电磁波的传播速度是一样的，都等于光速 c，在真空或空气中约为 30 万千米/秒；它们之间的不同之处在于它们的波长和频率。在速度 c、波长 λ 和频率 γ 这 3 个物理量之间存在一个关系式：$c = \gamma\lambda$。太阳可见光通过三棱镜之后能够分解成多种颜色的光，就是因为不同颜色的光具有不同的波长，不同波长的光在三棱镜里的折射情况不同，因此它们在穿过棱镜之后就分道扬镳，各走各的路了。

不同的电磁辐射，是由不同的物质或者是不同的物质状态发出来的，并且各种物质又会对辐射产生反射、折射、吸收、散射、偏振化等多种作用。辐射和物质有着不可分割的密切联系。天文学家通过研究太阳辐射的性质以及物质对辐射的影响，就可以得知太阳的物理状态和化学成分了。因此，我们说太阳发出的辐射是向我们传递太阳信息的忠实使者，而太阳光谱就是太阳辐射的真实记录。

自从牛顿发现了太阳光谱

拓展阅读

太阳光谱

太阳光谱是太阳辐射经色散分光后按波长大小排列的图案。它包括无线电波、红外线、可见光、紫外线、X 射线、γ 射线等几个波谱范围。

之后，科学家们又继续对它进行了不断地深入研究。从 19 世纪末期以来，还制造了很多太阳光谱仪，专门用来拍摄太阳的光谱。人类进入空间时代近几十年以来，人们又从太空中拍到了太阳的 X 射线和远紫外线的光谱。

太阳光谱里的学问很多。原来，它并不仅仅是一条简单的连续光谱（即彩色光谱），在连续光谱的上面还有许许多多粗细不等、分布不均的暗黑线，共有两万多条。这些暗黑线叫作吸收线，它是 1814 年由德国化学家夫琅和费（1787～1826 年）首先发现的，因此也叫夫琅和费谱线。另外，在连续光谱上还有成千上万条明亮的谱线，叫作发射谱线。

天文学家们刚刚看到如此错综复杂的太阳光谱时，就好像是面对一部神秘难解的天书，暗的吸收谱线和亮的发射谱线各说明了什么问题呢？1870 年，德国物理学家基尔霍夫（1824～1887 年）发现了关于光谱的 3 条定律：①炽热的物体发出连续光谱；②低压稀薄炽热气体发出某些单独的明亮谱线；③较冷的气体在连续光源前面产生吸收谱线。

有了基尔霍夫的三条定律，天文学家通过对太阳光谱的分析和研究，对太阳大气的结构、物理状态、化学成分以及太阳活动的性质等，都有了越来越深入的认识。

丰富的太阳活动

太阳表面的活动现象非常复杂，也相当丰富多彩。

◎ 太阳黑子

在各种日面活动现象中，太阳黑子活动是最基本的，也是最容易发现的。明亮的太阳光球表面，经常出现一些小黑点，这就是太阳黑子。我国的古书中有很多关于太阳黑子的记载。汉初《淮南子·精神训》中记有"日中有蹲鸟"，意思是太阳上面有一只三只脚的鸟，这"三足鸟"指的就

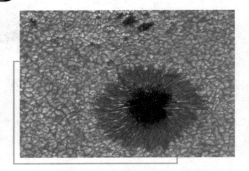

太阳黑子

是黑子。《汉书·五行志》中对黑子的记载更明确了："日出黄，有黑气，大如钱，居日中。"这是得到公认的世界上最早的关于太阳黑子活动的记录。在西方，著名的德国天文学家开普勒（1571～1630年）在1607年时看见了黑子，但他不敢相信太阳上还会有暗黑的斑点而误认为是水星凌日了。1611年，意大利物理学家、天文学家伽利略（1564～1642年）使用望远镜才确认了太阳黑子的存在。

知识小链接

太阳黑子

太阳黑子是在太阳的光球层上发生的一种太阳活动，是太阳活动中最基本、最明显的。一般认为，太阳黑子实际上是太阳表面一种炽热气体的巨大漩涡，温度大约为4 500℃。因为其温度比太阳的光球层表面温度要低1 000℃到2 000℃（光球层表面温度约为6 000℃），所以看上去像一些深暗色的斑点。

黑子的大小相差很悬殊，大的直径可达20万千米，比地球的直径还要大得多，小的直径只有1 000千米。较大的黑子经常是成对出现，并且周围还常常伴有一群小黑子。黑子的寿命也很不相同，最短的小黑子寿命只有两三个小时，最长的大黑子寿命大约有几十天。黑子的数目有时多，有时少。黑子大量出现的期间，叫太阳活动峰年；黑子很少的期间，为太阳活动谷年。两个峰年之间的周期平均为11年。

太阳黑子看上去是黑的，实际上并不真是黑的，它们也是炽热明亮的气体，温度大约4 800℃，但比光球温度6 000℃要低多了，所以显得很黑了。

太阳黑子究竟是怎么回事？它们为什么比光球冷？11年的周期又是如何产生的？有关太阳黑子的奥秘还未全部揭开。

◎日 珥

天文学家形容太阳色球层

趣味点击　　日全食

日全食是日食的一种，即太阳被月亮全部遮住的天文现象。如果太阳、月球、地球三者正好排成或接近一条直线，月球挡住了射到地球上去的太阳光，月球身后的黑影正好落到地球上，这时才会发生日食现象。

像是"燃烧着的草原",或说它是"火的海洋",那上面许许多多细小的火舌在不停地跳动着,不时还有一束束火柱窜起来,这些窜得很高的火柱就叫作"日珥"。日珥绰约多姿,变化万千,有的像浮云,有的像喷泉,有的像篱笆,还有的像圆环、彩虹、拱桥等,是一种十分美丽壮观的太阳活动现象。遗憾的是,日珥比光球暗得多,只有在日全食时或者使用色球望远镜才能看到。

日 珥

日珥的大小也不一样,一般高约几万千米,大大超过了色球层的厚度,因此,日珥主要存在于日冕层当中。通过对日珥光谱的分析和研究,已经知道它们的温度接近 1 万℃。日珥分为宁静的、活动的以及爆发的 3 大类。宁静日珥可以形状丝毫不变地在日冕中存在数月之久,这简直是不可思议。日冕的温度高达 200 万℃,是什么原因使得日珥能在如此高温状态下长期存在呢?爆发的日珥则以 700 多千米/秒的速度喷发到日冕中去,如此高速,动力又是从哪儿来的呢?日珥这些令人惊异的性质,给天文学家提出了一系列有趣而又艰难的研究课题。

◎ 耀 斑

耀斑是太阳上最强烈,也是对地球影响最大的活动现象。1859 年 9 月 1 日,有两位英国天文学家在观测太阳时,看到一大片新月形的明亮闪光以 100 多千米/秒的速度掠过黑子群,然后很快消失了。不久以后,电讯中断,地磁台记录到强烈的磁暴。这就是人类第一次观测到的太阳耀斑现象。

耀斑的最大特点是来势猛,能量大。在短短一二十分钟内释放出的能量相当于地球上十万至百万次强火山爆发的能量总和。耀斑产生在日冕的底层。耀斑和黑子有着密切的关系,在大的黑子群上面,很容易出现耀斑。

耀斑对地球有巨大影响,它对地球上的电讯有强烈的干扰,也对正在太空遨游的宇航员构成致命的威胁。因此，耀斑受到了天文学家重视，成为当代太阳研究的主要课题之一。

以上给大家介绍了黑子、日珥和耀斑这几种太阳的主要活动现象，除此之外，太阳的光球上还有密密麻麻的米粒组织和经常出现在日面边缘的光斑，色球上还有与光斑相对应的谱斑，日冕中还有暗黑的冕洞等。太阳表面的这些活动现象形式不同，特点各异，但是它们有一个重要的相同之处，那就是共同遵守一个 11 年一周期的涨落规律，在太阳活动峰年，各种活动现象十分激烈，到了谷年它们都比较平静。

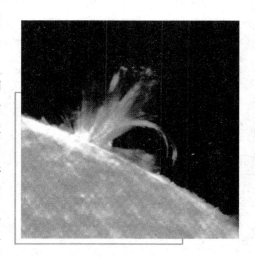

耀　斑

太阳活动 11 年的变化周期，是 300 多年以前由德国的药剂师施瓦布发现的。施瓦布是一位十分勤奋的天文爱好者，他通过对太阳黑子的长期观测发现了这一变化规律。然而这 11 年的周期又是怎么形成的呢？目前这也是一个未解之谜。

➤ 奇妙的太阳震荡

太阳表面丰富多彩的活动现象已经令我们眼花缭乱，然而 20 世纪 60 年代初，天文学中的一项重大发现更令我们惊讶不已。1960 年，美国天文学家莱顿将最新研制成的强力分光仪对准太阳表面上一个个小区域，准备测定它沸腾表面运动的情况。结果他意外地发现了一件令人十分惊异的现象：太阳就像一颗巨大的跳动着的心脏，一张一缩地在脉动，大约每隔 5 分钟起伏振荡一次。这次莱顿发现的太阳上下振荡，和以前发现的太阳黑子、日珥等各种太阳运动现象都不同，它不仅具有周期性，而且整个日面都在振荡。

太阳距离我们十分遥远，即使通过口径最大的光学望远镜，我们也根本无法看到它表面的上下起伏。那么，莱顿又是怎样发现太阳表面的这种振荡呢？说起来这还要归功于著名的"多普勒效应"。

拓展阅读

多普勒效应

共振能区内的中子与靶核相互作用时，靶核的热运动引起中子截面的共振峰峰值降低，但宽度展宽，从而使更多的中子能量处于共振能附近，而被共振俘获吸收的现象。

相对运动体之间有电波传输时，其传输频率随瞬时相对距离的缩短和增大而相应增高和降低的现象。

大家都知道，当一个声音在接近或远离我们的时候，就会发生"多普勒效应"。当它接近我们时，我们接收到的频率升高了；当它离开我们时，我们接收到的频率降低了。与声波一样，光也是一种波，自然也有"多普勒效应"。当光波朝向或远离观测者时，光的频率也要发生变化。在由红、橙、黄、绿、青、蓝、紫七色光组成的太阳连续光谱上，紫色光的频率最高，红色光的频率最低。这个彩色的连续光谱上面还有许多稀疏不匀、深浅不一

的暗线，是太阳外层中的一些元素吸收了下面更热的气体所发出的辐射而形成的，叫吸收线。在观察太阳光谱的时候，如果我们一直紧紧盯住连续光谱上的一条吸收线，那么当太阳表面的气体向上运动时，也就是朝我们"奔驰"而来的时候，吸收线就会往光谱的高端即紫端移动，简称紫移；反之，当气体向下移动时，吸收线就会往光谱的低端即红端移动，简称红移。如果吸收线一会儿紫移，一会儿红移，不断地交替交换，那么太阳的表面气体就在上下振荡。

基本小知识

吸收线

吸收线，某一波段的光被冷气体吸收时在光谱中形成的暗谱线。

来自天体的光，被原子或分子选择性的吸收，导致那部分的光从星光中被消去，留下一条条的暗线。

　　说来简单，实际观察起来困难重重。因为太阳离我们很远，而且它振荡的幅度和速度都不大，所以光谱线的位移量也很小，大约只有波长的百万分之几。可想而知，这样微乎其微的变化，发现它是多么不容易。莱顿使用非常精密的强力分光仪拍下一张张太阳光谱照片，然后利用"多普勒效应"的原理，通过计算机进行反复地分析，最后才发现了太阳表面周期振荡的重要现象。

　　太阳 5 分钟振荡周期从根本上改变了人们对太阳运动状态的认识，世界各国的天文学家对这个问题都十分重视，许多天文学家纷纷采用各种不同方法对太阳进行观测。他们不仅证实了太阳表面 5 分钟的振荡周期，而且接连地又发现了其他好几种周期的振荡。有人得到周期为 52 分钟的太阳振荡，有人得到周期为 7 ~ 8 分钟的太阳振荡。最引人注意的是前苏联天文学家谢维内尔和法国天文学家布鲁克斯等得到的周期为 160 分钟的长周期振荡。

　　谢维内尔观测小组在克里米亚天体物理台首先观测到这种长周期振荡。1974 年，他们把由光电调节器和光电光谱仪组成的太阳磁象仪安装在太阳塔的后面，利用它来观测连接太阳极区的窄条的光线以避开太阳赤道部分的视运动。来自太阳中心的光线发生偏振，而来自太阳边缘的光线没有偏振，这两部分光线分别照在两个光电倍增管上，这两个光电倍增管的输出就表示中心光线是否相对于边缘发生了多普勒位移。谢维内尔小组利用这种方法在1974 年秋季观测到太阳 160 分钟的振荡周期。

　　1974 年秋天，布鲁克斯在日口峰天文台，利用共振散射方法测定太阳吸收线的多普勒位移的绝对值，进行了 10 多天的观测，也观测到了太阳 160 分钟的振荡周期。

　　太阳 160 分钟振荡周期被观测到以后，许多天文学家对它表示怀疑。有人认为这种振荡可能是一种仪器效应，也可能是地球大气周期性变化的反映。后来，美国斯坦福大学的一个天文小组用磁象仪观测到了太阳的 160 分钟振荡周期。一个法国天文小组在南极进行了 128 个小时的连续观测，同样观测到了 160 分钟太阳振荡周期。南极夏季每天 24 小时都能看到太阳，不存在大气的周日活动问题。另外还有两个相距几千千米的天文台同时进行观测，也都观测到太阳的这种长周期振荡。这两个台相距遥远，在长时间观测中大气的影响可以相互抵消了。太阳长周期振荡的现象终于得到了证实，疑问才被打消。

太阳表面到处振荡不停，不仅有升有落，而且有快有慢，这是一幅十分壮观的景象。

太阳振荡是怎样产生的？这是科学家们最关心的事情。目前，科学家们已经认识到，太阳振荡虽然发生在太阳表面，但其根源一定是在太阳内部。使太阳内部产生振荡的因素可能有 3 个，即气体压力、重力和磁力。由它们造成的波动分别称为"声波""重力波"和"磁流体力学波"，这三种波动还可以两两结合，甚至还可以三者合并在一起。就是这些错综复杂的波动，导致了太阳表面气势宏伟的振荡现象。人们认为，太阳 5 分钟振荡周期可能是太阳对流层产生的一种声波，而 160 分钟的振荡周期则可能是由日心引起的重力波。但是，这些解释究竟正确与否，目前还不能完全肯定。

> ### 知识小链接
>
> ### 重力波
>
> 重力波是在重力作用下产生的大气波动，是在重力场作用下，稳定层结流体中的流体质点偏离平衡位置后所引起的一种波动，分为重力外波和重力内波。

声波是一种比较简单的压力波，它可以通过任何介质传播。太阳的声波是与地球内部的地震波有些相似的连续波，它们传播的速度和方向依赖于太阳内部的温度、化学成分、密度和运动。与地球物理学家通过研究地震波去查明地球内部的构造模式类似，天文学家正利用他们所观测到的太阳的振荡现象，去研究太阳内部的奥秘。

太阳中微子

中微子是一种非常奇特的粒子，它不带电，质量很小，大约只有电子质量的几百分之一。早在 20 世纪 30 年代初期，科学家就根据理论推测出，在原子核聚变反应的过程中，不仅会释放出大量的能量，而且还一定会释放出大量的中微子。到了 20 世纪 50 年代中期，科学家通过实验证实了中微子的存在。

中微子的发现引起了天文学家的注意，于是他们开始了对太阳中微子的观测和研究。

太阳的能量，来自 4 个氢原子核合成 1 个氦原子核的聚变反应。在太阳内部，时时刻刻都在进行着大规模的核反应，因此，中微子也时时刻刻从太阳内部大量地产生出来。中微子有一种奇特的性质，就是它的穿透能力极强，任何物质都难以阻挡。中微子从我们身上贯穿而过，我们毫无感觉。中微子不论碰上地球还是月球，都可以轻易地一穿而过。大量的中微子从太阳内部产生以后，就浩浩荡荡、畅行无阻地射向四面八方。地球表面每平方厘米的面积上，每秒就要遭受到几百亿个太阳中微子的"轰击"。

拓展思考

氢原子

氢原子是氢元素的原子。电中性的原子含有一个正价的质子与一个负价的电子，被库仑定律束缚于原子核内。在大自然中，氢原子是丰度最高的同位素，称为氢或氕。氢原子不含任何中子，而别的氢同位素含有一个或多个中子。

长期以来，人们只能根据观测太阳表层来推测太阳内部的状况。中微子却是直接从太阳内部"跑"出来的，它们一定会给人们带来有关太阳内部状况的宝贵信息。因此，天文学家对太阳中微子的观测和研究非常重视。最早开始探测太阳中微子的，是美国布鲁黑文实验室的物理学家戴维斯和他的同事们。他们在南达科他州地下深 1 000 多米的一个旧金矿里，安放了一个特制的大钢罐子，里面装着 38 万升四氯乙烯溶液，用它作为俘获中微子的"陷阱"。当中微子穿过这个大罐子时，就会和罐中的四氯乙烯溶液发生反应，生成氩原子，并放出电子。用计数器测出产生了多少氩原子，就可以知道有多少中微子参加反应了。

戴维斯等人经过多年的努力，到了 1968 年，终于探测到太阳中微子。然而，出乎人们意料的是，他们所探测到的中微子数目比原先预期的要少得多，仿佛有大量的太阳中微子失踪了。这是为什么呢？难道太阳根本没有产生这么多的中微子吗？这个问题引起了科学家的极大重视，成为著名的"中微子失踪"之谜。

关于太阳中微子失踪的原因，目前科学家认为有好几种可能：①目前人们对太阳内部状态的认识有差错，很多天文学家对标准太阳模型提出了很多修改方案，但是始终还没有哪一种修改意见能圆满解释这个问题。②现有的原子核反应理论尚有问题。③人们对中微子本身的认识并不全面。④太阳内部产生的中微子有很大一部分迅速地改变了本来的面目，所以人们没能探测到它们。但是，究竟谁是谁非，科学家们还不能下最后的结论。

水　星

　　水星最接近太阳，是太阳系的八大行星中按前后顺序排名第一的行星。水星在直径上小于木卫三和土卫六，在水星上看到的太阳要比在地球上看到的太阳大 2.5 倍，太阳光比地球赤道的阳光还要强六倍。水星朝向太阳的一面，温度非常高，可达到 400℃ 以上。这样热的地方，就连锡和铅都会熔化，何况水呢。但背向太阳的一面，长期不见阳光，温度非常低，达到 -173℃，在这里也不可能有液态的水。水星是太阳系中仅次于地球，密度第二大的天体。水星没有卫星，水星只有在白天和黎明时才能在地球上观测得到。

　　水星表面受到无数次的陨石撞击，到处坑坑洼洼。当水星受到巨大的撞击后，就会有盆地形成，周围则由山脉围绕。在盆地之外是撞击喷出的物质，以及平坦的熔岩洪流平原。此外，水星在几十亿年的演变过程中，表面还形成许多褶皱、山脊和裂缝，彼此相互交错。通过雷达对水星北极区的观测，科学家发现在一些坑洞的阴影处有冰存在的证据。

◐ 水星的外貌

八大行星当中，水星离太阳最近，金星其次。水星和金星绕太阳公转的轨道都在地球轨道之内，所以水星和金星又叫内行星。正是由于它们都是内行星，所以水星和金星只有在早上或晚上才有可能出现。

水星和金星有许多相似之处：①它们的体积都比地球小；②它们都没有卫星；③它们的温度都很高，它们表面的环境都如同地狱一般恶劣。

我国古代把水星叫作"辰星"。希腊神话中叫它"赫耳墨斯"，是众神的信使。它双脚上各长着一只神翅，行走如飞，神出鬼没。

水星的直径 4 878 千米，大约是地球直径的 $\frac{1}{3}$，质量约为地球质量的 $\frac{1}{20}$。

趣味点击

赫尔墨斯

赫尔墨斯是希腊奥林匹斯十二主神之一，也是八大行星中的水星。宙斯与玛亚的儿子。出生在阿耳卡狄亚的一个山洞里，最早是阿耳卡狄亚的神，是强大的自然界的化身。奥林匹斯统一后，他成为畜牧之神，是宙斯的传旨者和信使。他也被视为行路者的保护神，是商人的庇护神，雄辩之神。传说他发明了尺、数和字母。他聪明狡猾，又被视为欺骗之术的创造者，他把诈骗术传给了自己的儿子。他还是七弦琴的发明者，是希腊各种竞技比赛的庇护神。后来他又与古埃及的智慧神托特混为一体，被认为是魔法的庇护者，他的魔杖可使神与人入睡，也可使他们从梦中醒来。

水星和其他行星一样，是沿着椭圆轨道绕太阳公转的，它离太阳最近时大约有 4 600 万千米，最远时约有 7 000 万千米。水星的自转周期是 58.6 日，绕太阳公转周期为 88 日，由于自转与公转的周期比较接近，水星上的一昼夜长达 176 日，整整相当于两个"水星年"。

水星表面布满了大大小小、密密麻麻的环形山，也有一些山脉、悬崖、峭壁、盆地和平原。比起月球来，水星表面的大环形山要少得多，直径在 20 ~ 50 千米的环形山已不多见，直径大于 100 千米的就更少了。

科学家也给水星上的环形

山起了名字，采用的是古今中外的天文学家、艺术家的名字，这当中有 15 个是中国人，例如唐代著名诗人李白、白居易，宋代著名诗人李清照，元代著名戏曲家关汉卿，现代著名文学家鲁迅，等等。

　　根据对水星的空间探测还了解到，水星上大气极为稀薄，也没有水。它表面的平均温度约 100℃，赤道部分正午时分可达 300℃以上，而背着太阳的那面则在 −180℃以下。能达到如此悬殊的昼夜温差，太阳系中大概也只有水星了。

◀ 水星的运行

　　水星与太阳的平均距离是 0.39 天文单位，离太阳最近。从地球上看，它与太阳的角距离很小，因此，它经常和太阳同升同落，经常会被强烈的太阳光辉所淹没。我们要见水星一面很不容易。那么，我们什么时候才能见到水星呢？

　　由于水星和地球都在不停地绕着太阳转动，所以从地球上看去，水星与太阳之间的角距离即角度总在变化。水星与太阳之间的角度 α 可以近似用公式 $\sin\alpha = SP/SE$ 来计算。当水星处于 P_2 或 P_4 的位置时，α 角达到最大值，这个最大值称为"大距"或"大距角"。只有当水星处于大距时，我们才有可能见到它。

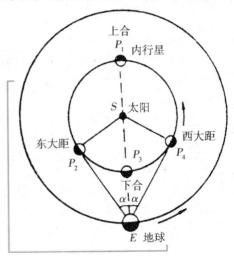

内行星视运动图

　　水星绕太阳公转的轨道是椭圆形，SP 的长度总在变化，最长时约 7 000 万千米，最短时约 4 600 万千米，所以，水星大距角 α 也不是固定不变的。经过计算可知，水星大距角最大时可达 28°，最小时只有 18°。当水星在 P_2 的位置时，我们从地球上看它在太阳的东边，叫东大距；水星在 P_4 的位置时，它在太阳的西边，叫西大距。水星在东大距时，它比太阳晚升起晚落下。早上，太阳升起之后水星才升起，此时已是烈日当头，我们无法看到它。晚上，太阳从西方落下去以后，趁水星尚未落下去的短暂时光，我们就可以一睹它的面容了。黄昏时出现在西方的水星叫"昏星"。

知识小链接

大 距

地内行星（水星和金星）以会合周期为周期，往来于太阳的东西两侧，它们在太阳以东或以西的距角，有一定的限度，其最大的距角称为"大距"。那是观测地内行星最有利的时机。大距分东大距和西大距。东大距时，地内行星以日没以后出现在西方天空；反之，西大距时，于日出前出现在东方天空。

水星在西大距时，它比太阳早升起早落下，我们可以在早晨太阳尚未升起的时候在东方天空上看到它，这时的水星叫"晨星"。

水星，就像希腊神话故事中的赫耳墨斯一样，在天空中的运动十分迅速，来去匆匆，在一两个月的时间内，它就会从东大距变成西大距。并且由

趣味点击 **昏 星**

昏星是在西方水平线上、于刚日落后的短暂时间内所见的内行星（金星和水星）。这是由于它们比地球更接近太阳，对地面观测者来说，它们显得经常在太阳附近。

于水星的大距角平均只有20°多，要见水星一面真是很不容易。

➡ 水星的核心

水星的外貌很像月球，内部却像地球，也分为壳、幔、核三层。水星的半径为2 439千米，是地球半径的38.2%，18个水星合并起来才抵得上一个地球的大小。水星的质量为3.33×10^{26}克，为地球质量的5.58%，平均密度为5.433克/厘米^3，略低于地球的平均密度。在八大行星中，除地球外，水星的密度最大。由此天文学家推测水星的外壳是由硅酸盐构成的，其中心有个

比月球大得多的铁质内核。这个核球的主要成分是铁、镍和硅酸盐。根据这样的结构，水星应含铁 20 000 亿亿吨，按目前世界钢的年产量（约 8 亿吨）计算，可以开采 2 400 亿年，真是一座取之不尽，用之不竭的大铁矿！

　　水星所含有的铁的百分率超过任何其他已知的星系行星。这里有数个理论被提出来说明水星的高金属性：①本来水星有一个和普通球粒状陨石相似的金属——硅酸盐比率。那时它的质量是目前质量的大约 2.25 倍，但在早期太阳系的历史中的某个时间，一个星子或微星体撞掉了水星的 $\frac{1}{6}$ 质量，它所带来的影响是水星的地壳和地幔者失去了。类似的另外一个理论是解释地球、月亮的形成的。②水星可能在所谓太阳星云早期的造型阶段，在太阳爆发出它的能量之前已经稳定。在这个理论中，水星那时大约质量是目前的两倍；但因为原恒星收缩，水星的温度达到了 2 500K～3 500K，甚至高达 10 000K。许多水星表面的岩石在这种温度下蒸发，形成"岩石蒸汽"，随后，"岩石蒸汽"被星际风暴带走。③类似第二个，认为水星的外壳层是被太阳风长期侵蚀掉了。

基本小知识

地　幔

　　地壳下面是地球的中间层，叫地幔，厚度约 2 865 千米，主要由致密的造岩物质构成。这是地球内部体积最大、质量最大的一层。地幔又可分成上地幔和下地幔两层。

金　星

　　金星是太阳系口八大行星之一，按离太阳由近及远的次序是第二颗。它是离地球最近的行星。中国古代称之为长庚、启明、太白或太白金星。公转周期是 224.71 地球日。夜空中亮度仅次于月球，排第二，金星要在日上稍前或者日落稍后才能达到亮度最大。它有时黎明前出现在东方天空，被称为"启明"；有时黄昏后出现在西方天空，被称为"长庚"。金星自转方向跟天王星一样与其他行星相反，是自东向西。金星后围有浓密的大气和云层。只有借助于射电望远镜才能穿过这层大气，看到金星表面的本来面目。

金星的外貌

金星是全天所有星星当中最明亮的一颗，它最亮的时候白天也可以看得见。自古以来人们就对金星十分感兴趣。据说18世纪末期，法国著名统帅拿破仑打了胜仗回国时，欢迎他凯旋的人们由于看到了美丽明亮的金星而忽视了他的出现，令拿破仑十分沮丧。金星的亮度比全天最亮的恒星——天狼星的亮度还强14倍。

知识小链接

拿破仑

拿破仑·波拿巴（1769—1821年），法兰西第一共和国执政、法兰西第一帝国皇帝，出生在法国科西嘉岛，是一位卓越的军事天才。他多次击败保王党的反扑和反法同盟的入侵，捍卫了法国大革命的成果。他颁布的《民法典》更成为了后世资本主义国家的立法蓝本。他执政期间多次对外扩张，形成了庞大的帝国体系，创造了一系列军事奇迹。

我国古代称金星为"启明""长庚"或"太白"。在英语中，金星的名字叫"维纳斯"，维纳斯是罗马神话中爱与美的女神，因此维纳斯也是爱与美的象征。

金星的直径是12 104千米，比地球小5%。

金星也是内行星，它也和水星一样，只能在早上或晚上作为晨星或昏星出现。然而由于金星与太阳的距离比水星远多了，金星的大距角可以达到48°，所以，金星出现的地平高度比水星高得多，在天空中逗留的时间也就比水星长得多。而且金星又

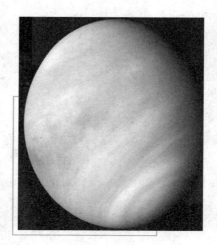

浓密大气层下的金星

是那么明亮，因此金星十分容易见到。我国古代有"东有启明，西有长庚"的说法，指的就是早上出现在东方和晚上出现在西方的金星。

金星非常明亮，不仅因为它离太阳近离地球也近，还有一个重要原因是由于它被一层像面纱一样的厚厚的大气包围着。

浓密大气层下的金星到底是个什么样子，多年以来一直是科学家解不开的谜，因为世界上最大的望远镜也穿不透金星那层厚厚的大气。很多人都猜想金星大概具有和地球相似的环境，上面长满了植物。

基本小知识　大气层

大气层又叫大气圈。地球就被这一层很厚的大气层包围着。大气层的空气密度随高度而减小，越高空气越稀薄。大气层的厚度大约在 1 000 千米以上，但没有明显的界限。

金星上面到底是什么样呢？1962 年美国发射的"水手 2 号"空间探测器对金星作了首次实地考察，拍下了金星的近距照片，还测定了金星大气的化学组成以及温度、压力等情况。从 20 世纪 70 年代中期到 80 年代中期的十年当中前苏联又连续发射了"金星号"系列探测器，多次到达金星表面，在金星表面软着陆，对金星进行进一步的探测。1975 年 12 月，在金星表面软着陆成功

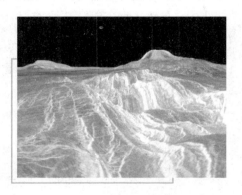

金星上的陨石坑

的"金星 9 号"探测器拍下了第一张金星地貌照片。1983 年 10 月到达金星表面的"金星 15 号"和"金星 16 号"两个探测器，对金星地貌的分辨率达到1 000 ~ 2 000 米。1989 年 5 月，美国又发射了专门用于探测金星的"麦哲伦号"探测器，其对金星地貌的分辨率可达到 200 米。

金星上没有高山峻岭，也没有江河湖海，它表面 70% 以上的区域是平原，20% 的区域为低洼地，另外 10% 的区域为高原。高原主要有两大块，一块与地球上非洲的面积相当，另一块和澳大利亚的面积差不多，两个高原上

各有一些不太高的山脉。在金星赤道偏北的地区，有两座很大的火山，比周围的平原大约高出4 000米，其中一座火山的口径约有700千米，如此巨大的火山口，在太阳系其他天体上也是很少见的。并且根据探测，这两座火山还不完全是死火山。

探测器在金星表面还发现了一条很深的峡谷，自北至南穿过赤道，绵延1 000多千米。还发现

你知道吗

死火山

死火山指史前曾发生过喷发，但在人类历史时期从来没有活动过的火山。此类火山因长期不曾喷发已丧失了活动能力。有的火山仍保持着完整的火山形态，有的则已遭受风化侵蚀，只剩下残缺不全的火山遗迹。

了一些由撞击而形成的环形山，直径从20千米到50多千米，其中有一些令科学家十分感兴趣，它们不是圆形的，而是扭曲的，像人的肾脏形状。没有发现金星上有像月球表面一样的直径很小的环形山，科学家分析这是因为比较小的陨星体在到达金星表面之前早已被浓密的金星大气烧毁了。

金星的大气层

拓展阅读

浓硫酸

浓硫酸，俗称坏水，指浓度大于或等于70%的硫酸溶液。浓硫酸在浓度高时具有强氧化性，这是它与普通硫酸或普通浓硫酸最大的区别之一。同时它还具有脱水性，难挥发性，酸性，稳定性，吸水性等。

金星的大气层也是科学家十分感兴趣的课题之一。根据探测得知，金星大气的主要成分是二氧化碳，占大气总量的96%以上。金星表面附近二氧化碳的含量更高，可达99%以上。大气中的其他成分主要是氮气，水蒸气只占0.1%。站在金星表面上看天空，金星的天空与地球上蔚蓝色的天空截然不同，金星的天空是令人望而生畏的橙黄乃至红褐色。

　　金星接近地表的大气转动速度较为缓慢，只有数千米/时，但上层的转动速度却可达数百千米/时，金星自转的速度如此的缓慢，243 个地球日才转一圈，但却有如此快速转动的上层大气，至今仍是个令人不解的谜团。

　　浓密的大气层对金星表面的压力也是很强的。地球水准面的标准大气压是 1 个大气压，而金星表面是 90 个大气压，人是经受不了这么大的压力的。

　　在离金星表面三四十千米高度处，存在着厚约二三十千米的、由浓硫酸雾组成的浓云层，这在地球上也是无法想象的事情，因为浓硫酸对人和动植物都有极强的腐蚀作用。

　　金星表面温度高达 480℃，比水星的最高温度还要高。水星表面的温度白天黑夜相差悬殊，而金星表面的温度却不分白天黑夜，也不分赤道两极，到处都是地狱般的高温世界，任何生物都不可能在那里生存。

　　是什么原因造成金星的高温呢？原来这是金星大气层起的作用。以二氧化碳为主要成分的金星大气具有温室效应，它允许太阳光自由地穿过大气层到达金星表面，但是却不允许热量再散射出去。久而久之，金星表面的热量越积越多，就使金星成了太阳系中最热的行星。

　　地球大气中的二氧化碳含量很小，只占大气总量的 0.033% 左右，它当然不会对地球有多大的威胁。然而，地球岩石和海洋中二氧化碳的含量并不比金星少，如果地球越来越热，这些二氧化碳就会从岩石和海洋中逐渐释放出来，其后果就不堪设想了。因此，我们人类应从金星的温室效应中吸取教训，防止滥用各种燃料，注意保护地球上自然界的平衡，避免金星上的"温室效应"在地球上发生。

基本
小知识 👆

温室效应

　　温室效应又称"花房效应"，是大气保温效应的俗称。大气能使太阳短波辐射到达地面，但地表向外放出的长波热辐射线却被大气吸收，这样就使地表与低层大气温度增高，因其作用类似于栽培农作物的温室，故名温室效应。

◤ 金星的运行

　　金星是离太阳第二近的行星，到太阳的平均距离不到 1.1 亿千米。它在轨道上的运行速度比水星慢、比地球快，具体说来，以 35 千米/秒的速度绕太阳运行，224.7 天绕太阳公转一圈。金星的自转周期是 243 日。

　　金星公转的轨道与地球不同，它的轨道特别圆，相比之下，地球的轨道还算扁的。

　　金星是一颗内行星，它在绕太阳公转的时候，有时会走到太阳和地球之间。在这个时候，人们会看到它从太阳圆面上掠过，这就是金星凌日。金星凌日是测定太阳视差的极好时机，在 20 世纪以前，人们常常用它来测定太阳视差。

　　除了公转以外，金星还有自转。金星的自转非常奇特，在太阳系的八大行星中，除天王星"躺着"自转外，其余几颗大行星的自转方向都和公转方向一致。而金星则相反，它是一颗逆向自转的行星。如果站在金星表面上拨开云层看天空（金星上有浓密的大气层，在金星表面上是看不到大气层外天空的），将见到一种奇特的现象：太阳和星星不是从东边升起来，由东到西越过天空，从西边落下去，而是相反，从西边升起来，由西到东越过天空，在东边落下去。在地球上，"太阳从西边出"是比喻办不到的事，而在金星上，这是天经地义的真理！

　　在金星上看不出有任何永久的斑点，因此用目视观测和照相观测都无法确切地测出它的自转周期，光谱分光法也不能发现它有明显的转动。最后不少人断言，它的自转周期等于公转周期，始终以一面对着太阳。雷达观测表明，这个看法大体上是对的。现在，美国和俄罗斯的射电天文学家都深信，金星相对于天上星星的自转周期是 243 天，这和 224.7 天的公转周期很接近。

火　星

　　火星是太阳系八大行星之一，是太阳系由内往外数的第四颗行星，属于类地行星，直径约为地球的一半，自转轴倾角、自转周期均与地球相近，公转一周约为地球公转时间的两倍。火星的轨道是椭圆形，橘红色外表是因为地表的赤铁矿（氧化铁）。火星基本上是沙漠行星，地表沙丘、砾石遍布，没有稳定的液态水。二氧化碳为主的大气既稀薄又寒冷，沙尘悬浮其中，每年常有尘暴发生。火星两极皆有水冰与干冰组成的极冠，会随着季节消长。

　　火星的表面有很多年代已久的环形山。但是也有不少形成不久的山谷、山脊、小山及平原。环形山的成因有很多：如陨石撞击坑，火山口等。

火星的外貌

太阳系中，在地球的轨道之外还有 5 颗大行星，它们统称为外行星，其中最靠近地球的一颗是火星。火星发出的红色光芒十分引人注目。我国古代称它为"荧惑"。在希腊神话中，它是争强好斗、凶暴蛮横的战神阿瑞斯，火星的红光就是它燃烧的战火。

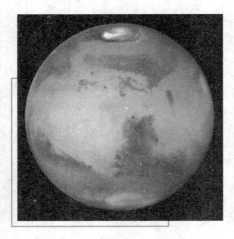

哈勃望远镜拍摄到的火星照片

火星的直径为 6 796 千米，约为地球的 53%，它的质量只有地球的 11%。火星与太阳的平均距离是 2.28 亿千米。由于火星距离地球很近，又不像金星那样被一层浓密的大气遮盖着，因此望远镜发明之后，人们就对火星进行了大量的观测和研究，发现火星与地球有许多相似之处。

火星也有大气层，不过火星的大气比地球大气稀薄得多。

地球有 1 个卫星，火星有 2 个卫星。

以上种种，使人们把火星看成是地球的"孪生兄弟"，并使人们联想到火星上也会有枝繁叶茂的植物和形形色色的动物，甚至会有"人类"。

1877 年夏天，热心于火星研究的意大利天文学家、布雷拉天文台台长斯基帕雷里，经过对火星的多次观测以后，宣布看到了火星上面有许多线条，他画出图来，把它们叫作"沟渠""水道"。这个重要的发现经过新闻媒介的宣传以后，就变成了火星上有"运河"。于是，火星上有人的消息轰动了全球。科幻小说家也在火星人的题材上颇费了些笔墨，把火星人描写得活灵活现。

19 世纪末，美国天文学家洛韦尔通过对火星的长期观测和研究，画出了新的火星图，那上面有 500 多条"运河"。洛韦尔认为火星人确实存在，而且他们的文明程度超过了地球人。

后来，人们用更大的望远镜观测，发现所谓的火星"运河"是由许多孤立的形状不规则的暗斑所组成。火星运河是不存在了，可这并没有使人们对火星上有生命存在的看法彻底改变。20世纪50年代，苏联天文学家什克洛夫斯基甚至认为火星上虽然现在已经没有高级生物存在了，但是二三十亿年以前是有的，火星的两颗小卫星就是他们发射的卫星。

火星"运河"

知识小链接

什克洛夫斯基

什克洛夫斯基，前苏联天体物理学家。1916年7月1日生于乌克兰的格卢霍夫。1938年毕业于莫斯科大学，随即便留校任教。他最重要的成果，是提出了射电源同步加速辐射理论。

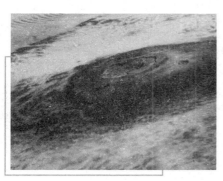

奥林匹斯火山

现在，我们已经清楚地知道，火星上面是一个极其荒凉的世界，那儿有许许多多环形山、大大小小的火山和一片片的沙漠，还有无数大小不等、一望无际的碎石块，其成分主要是硅酸盐、铁及金属的氧化物，使得火星表面到处都呈铁锈红色，真是名副其实的"火"星了。

火星表面的温度比地球低得多，在赤道上中午也只有10℃左右，晚上又会降到 −50℃多。在火星两极地区，夏季气温只有 −70℃，冬天则会降到 −110℃以下。

火星大气很稀薄，它表面的大气压大约仅相当于 $\frac{1}{150}$ 个大气压强。火星大气的主要成分是二氧化碳，约占 95%；其他成分有氮（占 3%）、氩（占 1% ~ 2%）等，大气中的水分极少。

基本小知识

河　床

谷底部分河水经常流动的地方叫河床。河床由于受侧向侵蚀作用而弯曲，经常改变河道位置，所以河床底部冲积物复杂多变。

最引人注目的是火星表面到处都有蜿蜒曲折的河床，虽然这些河床都早已干涸，但细小支流汇成大河的痕迹依然清晰可见。这说明在以前河床中是有水的，而如今火星上不存在液态的水了。

火星的南北半球地形结构差别很大。南半球表面崎岖且布满环形山；北半球地势比南半球低，有大的火山熔岩平原，但环形山比南半球少得多。

火星赤道附近的奥林匹斯火山，高 60 千米，基底直径达五六百千米，火山口的直径约 60 千米。地球上没有这么大的火山，而且在其他行星上也未发现这么大的火山，因此奥林匹斯火山称得上是太阳系中最大的火山了。火星上的大火山还不少，奥林匹斯火山附近还有另外 3 座大火山，它们组成了一个火山群。

火星的赤道地区还有一条巨大的峡谷，全长 3 000 多千米，宽 200 多千米，深六七千米，因是"水手 9 号"发现的，所以被命名为"水手谷"。地球上著名的美国西南部科罗拉多大峡谷全长 440 千米，深不到 2 千米，比起火星上的"水手谷"来，真是小巫见大巫了。

◆ 火星的运行

火星和地球各自在自己的轨道上绕着太阳公转。如图所示，当火星运行到 P_1 的位置时，从地球上看，火星与太阳的方向一致，叫"火星合日"，这时火星与太阳同时升起，同时落下，我们看不见火星。

当火星运行到 P_2 时，从地球上看火星与太阳的方向也相差 90°，不过此时火星在太阳东边，称为东方照。这时，中午时分火星即从东方升起，但我们看不见它，等到日落时分它已升到中天附近，午夜时分它才从西方落下，整个上半夜可以看见它。

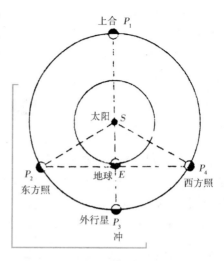

外行星视运动图

当火星运行到 P_3 时，从地球上看火星和太阳的方向正好相反，叫"火星冲日"。此时的火星于日落时分从东方升起，到次日早晨才从西方落下，整夜可见，是观测火星的最佳时机。

当火星走到 P_4 时，从地球上看，火星与太阳的方向相差 90°，火星在太阳之西，叫西方照。这时，火星子夜时分从东方升起，黎明时分已经升到上中天了，整个下半夜可以看见它。

火星由一次"冲"到下一次"冲"的时间间隔叫会合周期，这个周期大约为 780 天。

火星绕太阳运转的轨道是椭圆形。八大行星中，火星轨道的偏心率是比较大的，因此火星与太阳的距离变化也比较大。若冲日发生在火星离太阳最远时，火星与地球的距离为 1 亿千米；而当冲日发生在火星离太阳最近时，火星与地球的距离只有 5 600 万千米，这时叫大冲。火星大冲时，当然是我们观测火星的最好时机了。火星大冲每隔 15 年或 17 年才发生一两次，上次大冲发生在 1986 年 7 月和 1988 年 8 月，下次大冲要到 21 世纪晚些时候了。

火星的自转周期为 24 小时 37 分，公转周期为 687 日。火星的 1 天与地球的 1 天很接近，火星上的 1 年大约等于地球的 2 年。

你知道吗

极　冠

极冠是火星两极附近白色明亮的部分。科学家认为这是薄冰层所构成。李坑《秋夜谈火星》：在大望远镜里，可以看到火星两极的白色帽子，叫作极冠。

地球自转轴的倾角为23°27′，火星自转轴的倾角是23°59′，两者只有0.5°之差，因此火星上也有四季的变化。火星的两极都有白色的极冠，极冠的面积随季节的变化而增大或缩小，就像地球上南北两极的积雪和冰山一样。

卫星之谜

在太阳家族中，战神阿瑞斯（即火星）是很神气的，随身携带着2名卫士在宇宙中游历。阿瑞斯的卫士，一个叫福波斯，一个叫德莫斯。它们就是战神阿瑞斯的儿子。用儿子作卫士看来是不会遇刺的。福波斯的中文名叫火卫一，德莫斯叫火卫二。它们是1877年美国天文学家霍尔发现的。

知识小链接

火卫一

火卫一呈土豆形状，一日围绕火星3圈，距火星平均距离约9 378千米。它是火星的两颗卫星中较大，也是离火星较近的一颗。火卫一与火星之间的距离也是太阳系中所有的卫星与其主星的距离中最短的，它也是太阳系中最小的卫星之一。

火卫一和火卫二都在火星赤道面附近运行，轨道形状近似圆形，运行周期分别为7小时39分和30小时18分，到火星的平均距离分别是9 400千米和23 500千米，比月亮到地球的距离近得多。

在火星世界里有一件奇观，那就是火星上的一昼夜，火卫一上超过2年。因为火星自转周期是24小时37分，而火卫一的公转周期是7小时39分，就是说，在火星的一昼夜内，火卫一可以从容不迫地2次从火星地平线上升起，并能模仿月亮的一切位相。它是从西方升起来，从东方落下去的。

有几位天文学家在观测火星卫星运动时，发现火卫一的公转周期在缩短，一昼夜缩短量达$\frac{1}{100}$万秒。1960年，什克洛夫斯基断言，火卫一公转周期缩短的原因是火星大气的阻力。假如火星大气对火卫一的阻力能够达到火卫一公转周期缩短量所要求的那样，那么，火卫一的质量将很小，密度

不超过水密度的 $\dfrac{1}{1\,000}$。这样奇特的情况只有在火卫一表面是固体、内部是空的情况下才有可能。

这样的天体只能是人造的。如此推测下去，火星该有人造卫星了。前苏联的什克洛夫斯基正是这样看待的。他说："火星的月亮是古代有智慧的生物们发射的人造卫星。火卫一的内部一定是中空的。"前苏联的另一位叫库普列皮奇的也说过同样的话：'老早以前的火星是一个文明的世界，其后虽已衰退，但某种生物至今仍有可能保存下来。"

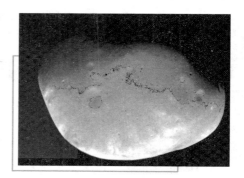

火卫二

基本小知识

人造卫星

人造卫星是环绕地球在空间轨道上运行（至少一圈）的无人航天器。人造卫星基本按照天体力学规律绕地球运动，但因在不同的轨道上受非球形地球引力、太阳引力、月球引力和光压的影响，实际运动情况非常复杂。人造卫星是发射数量最多、用途最广、发展最快的航天器。

关于火卫一公转周期缩短的原因还有另外的假说，其中之一是"潮汐阻止说"。有些科学家认为，假如火星外壳没有地球那样坚硬，那么火卫一在火星外壳上所起的潮汐就会阻碍火卫一的运动，产生观测到的结果。另一种是"太阳光压阻尼说"。拉德齐耶夫斯基等人认为，如果火星卫星的形状与标准的圆形不一样，那么，太阳光压也足以引起火卫一速度改变，产生观测到的结果。

看来，关于"人造卫星"的争论还得由人造卫星来结束。到现在为止，已有好几颗人造卫星在火星附近拍摄了火星卫士的照片。照片上清清楚楚地指出，火卫一和火卫二的形状很不规则，它们不比土豆好看。火卫一的尺寸约为：长13.5千米，宽10.8千米，高9.4千米；火卫二的尺寸是：长7.5千米，宽6.1千米，高5.5千米。这些不规则的大石块上充满着环形山，极目远望，满目疮痍，坑坑洼洼的，其中最大的陨击坑是火卫一的斯蒂尼陨击坑，直径8千米。"海盗—1号"宇宙飞船还发现，火卫一上有沟纹和小的环形山链。

火星尘暴

你到过沙漠地区、见过沙漠吗？沙漠地区的风沙是惊人的。风乍起，尘土飞扬，天地间混沌一片。

但地面上的风沙再大，也比不上火星上的尘暴。火星上的尘暴像一条巨大的黄色云龙飞舞在火星上空。

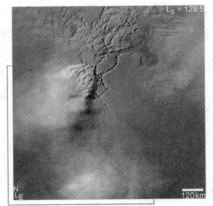

火星尘暴

火星上尘暴是火星大气中特有现象。局部尘暴在火星上经常出现，大尘暴席卷整个火星表面。巨大的尘暴能持续几个星期，甚至几个月。

大尘暴多半发生在火星南半球的春末，即出现在火星位于轨道上近日点附近的时候。尘暴发源地一般在阳光直射的纬度上，常常发生在海腊斯盆地以西几百千米的地方。开始的时候，中心尘粒云慢慢扩展，然后迅速蔓延，在几个星期内覆盖整个火星的南半球。特大的尘暴还扩张到北半球，甚至整个火星。

火星的大气很稀薄，火星表面的尘粒是不能轻易吹起来的，要把火星表面的尘粒吹起来，风的速度必须大于50千米/秒。这样的大风是由特殊的地形造成的。由于地形

拓展思考

大气尘粒

大气尘粒由大部分固体或非水的微粒集合构成。它们或多或少地在空气中悬浮着，或被风从地面刮到空中。

特殊，太阳光对大气加热的时候，有些地区温度上升得快，有些地区温度上升得慢，出现了局部温度不平衡，因而形成了风。当风速超过 50 千米/秒的时候，便将尘粒卷向空中。在空中的尘粒再进一步吸收太阳能而变得更热。这一部分充满尘粒的空气，由于比周围热又继续上升。在热空气夹着尘粒上升的时候，别的地方的冷空气便赶来补充，这样，热空气上升，冷空气赶来补充，你来我往，形成更强大的风，卷起更大的尘暴。火星表面的重力加速度只有地球的$\frac{1}{3}$，因而尘粒一旦被吹到空中，就不会轻易地落下来。即使火星表面风速减小了，尘粒也高高卷向空中。随着尘暴范围扩大，火星上温差在减小，因而风速也减小，最后风息了，尘粒从空中落下来，一场尘暴也就平息了。

地　　球

　　地球是太阳系从内到外的第三颗行星，也是太阳系中直径、质量和密度最大的类地行星。它也经常被称为世界。地球已有44亿~46亿岁，有一颗天然卫星月球围绕着地球以27.32天的周期旋转，而地球以近24小时的周期自转并且以一年的周期绕太阳公转。

地球的形状

　　宇航员在太空中拍摄的地球照片，使我们知道在太空中所看到的地球的面貌：蓝色的海洋，黄色的陆地，白色的浮云，非常美丽。那么，地球到底是什么形状呢？人造卫星对地球进行精确测量之后得出的结论是：地球并不是一个规则的正圆球体，而是一个椭圆形球体。它的赤道半径为 6 378.16 千米，也叫半长径；极半径是 6 356.77 千米，也叫半短径。而且，地球赤道本身也是个椭圆，也就是说半长径并不是处处相等，赤道半径最大处和最小处相差约 265 米。整体上看地球，外形上有些像我们所吃的鸭梨。

从太空中看地球

　　卫星还测得，地球的形状比人们原来所想象的要复杂得多。若以大地水平面为准，在北半球的低纬度处，地球凹陷下去；大体从北纬四五十度开始地面隆起，高出水准面，而以北极处最高，高出 18.9 米。南半球的情况恰恰相反，低纬度处地面隆起较多，而在南纬六七十度处，地面迅速下陷，南极处最低，比水准面凹下去 25.8 米。因此，地球的形状确实像个长得并不匀称的大鸭梨，北极是梨把，南极是梨眼。

地球的内部构造

　　我们生活在地球表面上，大家都很想知道，它的内部究竟是什么样呢？然而，地球的平均半径大约是 6 371 千米，想用钻探的方法来研究地球内部是不太可能的，因为即使钻上一个几千米深的洞也还不到地球半径的 $\frac{1}{1\,000}$。

我们现在对于地球内部的认识，主要是来自科学家对地震波（主要是人工地震波）的分析和研究。地震波好比是地球的脉搏，它告诉了我们许多地球内部的秘密。根据地震波的传播速度和路径变化，我们了解到地球内部不同深度物质的性质和结构。

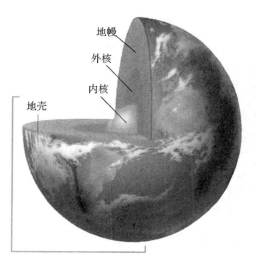

地球的内部构造

> ### 🖋 知识小链接
>
> #### 地 震 波
>
> 　　地震波是指由天然地震或通过人工激发的地震而产生的弹性波。地球内部存在着地震波速度突变的基干界面、莫霍面和古登堡面，将地球内部分为地壳、地幔和地核三个圈层。

按照地球内部物质的成分、密度、温度等方面情况的不同，地球内部可以分为地壳、地幔和地核三层。

地壳是地球表面很薄的一层，平均三四十千米厚，最厚的地方能达到70千米，如我国的青藏高原；最薄的地方仅有10千米，如深海下面。地壳主要由各种岩石组成。

地壳以下一直到约3 000千米深的地层叫地幔。地幔也基本上是由岩石组成的，只不过地幔深处的岩石成分与靠近地壳的岩石成分不太一样。地壳和地幔上层的岩石主要是橄榄石，而地幔下层的岩石主要由二氧化硅、氧化镁、氧化铁等成分组成。

地幔以下就是地核，半径约3 370千米的地核，体积占地球总体积的16%左右，可是，它的质量却占地球总质量的31%以上。地核的成分主要是铁和镍。地核分为内核和外核，内核由接近熔点的铁和镍等金属组成，外核则是由液态的铁和镍等金属组成。

地球内部的温度随着深度的增加而越来越高，在地表以下一定的距离内平均每深入100米，温度增加3℃。在3 000千米深处地幔与地核的分界面上，温度大约在2 500℃以上。地核的温度为4 000~5 000℃，并且外核的温度高于内核，这是根据地震波提供的信息得出的结论。

拓展阅读

橄 榄 石

橄榄石主要成分是铁或镁的硅酸盐，同时含有锰、镍、钴等元素，晶体呈现短柱状或厚板状。橄榄石变质可形成蛇纹石或菱镁矿，可以作为耐火材料。

🔍 地球的运动

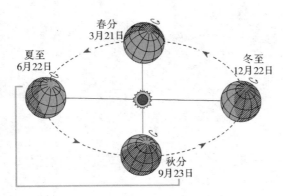

地球公转示意图

公元1543年，波兰天文学家哥白尼在他的伟大著作《天体运行论》中，论证了不是太阳绕地球运动，而是地球绕太阳运动，这就是地球的公转，地球绕太阳转一圈的时间就是一年。

根据万有引力公式计算，地球与太阳之间的吸引力约为35万亿亿牛顿。地球绕太阳做圆周运动的速度达到30千米/秒，由此产生的惯性离心力与太阳对地球的引力平衡，使地球不会掉向太阳，而是一直绕太阳公转。

事实上，地球的轨道不是圆形，而是椭圆形的。每年1月初，地球经过轨道上离太阳最近的地方，天文学上称为近日点，这时地球距离太阳14 710万千米；而在 7 月初，地球经过轨道上离太阳最远的地方，天文学上称为远日点，地球距离太阳 15 210 万千米。根据这个道理，1 月份我们看到的太阳，要比 7 月份看到的太阳稍大一些。但是，地球的轨道是一个非常接近于圆的椭圆，所以这种差别实际上极不明显，肉眼是没法看出来的，只有通过精密的测量才能发现。

基本小知识

近日点

　　各个星体绕太阳公转的轨道大致是一个椭圆，它的长直径和短直径相差不大，可近似为正圆。太阳就在这个椭圆的一个焦点上，而焦点是不在椭圆中心的，因此星体离太阳的距离，就有时会近一点，有时会远一点。离太阳最近的时候，这一点位置叫作近日点。

　　更精确的观测告诉我们，地球的轨道与椭圆还有些稍小的差别。那是因为月球以及火星、金星等其他行星，都在用自己的吸引力影响地球的运动。然而，它们都比太阳小得多，对地球的引力作用很小，难以与太阳的引力抗衡，所以，地球的轨道还是很接近于椭圆。

　　因此，严格地说，地球公转的轨道是一条复杂的曲线，这条曲线十分接近于一个偏心率很小的椭圆，天文学家已经完全掌握了地球这种复杂运动的规律。

　　地球同太阳系其他七大行星一样，在绕太阳公转的同时，绕着一根假想的自转轴在不停地转动，这就是地球的自转。昼夜交替现象就是由于地球自转而产生的。

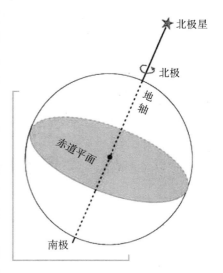

地球自转示意图

　　几百年前，人们就提出了很多证明地球自转的方法，著名的"傅科摆"使我们真正看到了地球的自转。但是，地球为什么会绕轴自转？以及为什么会绕太阳公转呢？这是一个多年来一直令科学家十分感兴趣的问题。粗略看来，旋转是宇宙间诸天体一种基本的运动形式，但要真正回答这个问题，还必须首先搞清楚地球和太阳系是怎么形成的。地球自转和公转的产生与太阳系的形成密切相关。

我们知道，要测量一个直线运动的物体运动快慢，可以用速度来表示，那么物体的旋转状况又用什么来衡量呢？一种办法就是用"角动量"。对于一个绕定点转动的物体而言，它的角动量等于质量乘以速度，再乘以该物体与定点的距离。物理学上有一条很重要的角动量守恒定律：一个转动物体，如果不受外力矩作用，它的角动量就不会因物体形状的变化而变化。例如一个芭蕾舞演员，当他在旋转过程中突然把手臂收起来的时候（质心与定点的距离变小），他的旋转速度就会加快，因为只有这样才能保证角动量不变。这一定律在地球自转速度的产生中起着重要作用。

形成太阳系的原始星云原来就带有角动量，在形成太阳和行星系统之后，它的角动量不会损失，但必然发生重新分布，各个星体在漫长的积聚物质的过程中，分别从原始星云中得到了一定的角动量。由于角动量守恒，各行星在收缩过程中转速也将越来越快。地球也不例外，它所获得的角动量主要分配在地球绕太阳的公转、地月系统的相互绕转和地球的自转中。这就是地球自转的由来，但要真正分析地球和其他各大行星的公转运动和自转运动，还需要科学家们做大量的研究工作。

地球的大气层

大家都知道"万物生长靠太阳"，如果没有阳光也就没有我们人类和地球上其他生命的繁衍生息。然而，大家是否也知道，如果没有地球的大气层，地球上同样不会有人类和其他生命的繁衍生息呢？

地球的表面被一层厚厚的大气圈包围着。大气层没有明显的边界，只是愈向上愈稀薄。大气圈是由多种气体组成的混合物，主要成分是氮气和氧气，还有少量的氦、氩、氖、二氧化碳、水蒸气等。大气的总质量约 5 000 万亿吨，只有地球质量的百万分之一。而这些大气的 98% 又都集中分布在距离地面 50 千米以下的范围内，我们平常所说的大气层也是指的这个范围。假如没有大气层，地球上就不会有水存在，因为水会就成水蒸气，而水蒸气会逃离地球。没有水的地球会是个什么样子，大家可想而知了。

根据地球大气密度、温度、压力以及化学成分随着高度的变化，可以把大气分为 5 层，从下往上依次是对流层、平流层、中间层、暖层和散逸层。

◎ 对流层

对流层是大气密度最大的地方，大约 $\frac{4}{5}$ 的大气集中在这里。这里既是生命活动的氧气主要供给地，又是晴、阴、雨、雪、风、云、雷、电等天气变化的舞台。阳光穿过大气层，晒暖了地面，地面又把贴近它的空气烘热。烘热了的空气像气球那样胀开了，飘飘然向高空飞去。高空的冷空气，趁机往下沉降，来填补热空气的"空缺"。这样，你走我来，来来往往，形成错综复杂的对流运动，出现了各种各样的天气现象。

拓展思考

天气现象

天气现象是指发生在大气中、地面上的一些物理现象。包括降水现象、地面凝结现象、视程天气现象、闪电障碍现象、雷电现象和其他现象，这些现象都是在一定的天气条件下产生的。

对流层的厚度不均匀，大约是 10 千米。对流层的温度是随着高度的增加而下降的，在对流层的顶部，温度约为 –50℃。

◎ 平流层

平流层，又叫"同温层"，位于对流层与中间层之间。在平流层，大气的流动形式主要是水平流动，而平流层的温度是随高度上升而上升的，这是因为平流层的顶部吸收了来自太阳的紫外线而被加热，故在这一层，气温会因高度而上升。平流层的顶部气温大约为 –10℃。在平流层中，有氮气、氧气、少量的水汽、臭氧（在 22～27 千米形成臭氧层）、尘埃、放射性微粒、硫酸盐质点等物质存在。

◎ 中间层

中间层，又称"中层"。该层内因臭氧含量低，同时，能被氮、氧等直接吸收的太阳短波辐射已经大部分被上层大气所吸收，所以温度垂直递减率很大，对流运动强盛。中间层顶附近的温度约为 −90℃。空气分子吸收太阳紫外辐射后可发生电离，故会有电离层的 D 层存在。有时在高纬度、夏季、黄昏时会有夜光云出现。

◎ 暖 层

从 80 千米再往上的大气层被称为热层。这一层的温度变化与平流层一样，随高度的增加而上升，在 500 千米处的高空，温度可达到 1 000℃，这是因为大气大量吸收太阳紫外辐射所致。热层的温度虽高但所包含的热量却很少，因为那里的大气太稀薄了。

基本小知识

紫外辐射

电磁波谱中介于电离辐射和可见光辐射之间的部分，是一种非照明用的辐射源。

另外，地球大气层 100~350 千米的范围内含有大量的电离气体，这是由于太阳辐射穿进高层大气时，高能光子与大气中的分子和原子发生作用后产生的。电离气体可以反射无线电波，地面上越洋的短波无线电通讯就是依靠它们实现的。

◎ 散逸层

散逸层又叫"外层""逃逸层"，是地球大气的最外层，在暖层以上。这层空气在太阳紫外线和宇宙射线的作用下，大部分分子发生电离，使质子和氦核的含量大大超过中性氢原子的含量。散逸层空气极为稀薄，其密度几乎与太空密度相同，故又常被称为外大气层。由于空气受地心引力作用极小，气体及微粒可以从这层飞出地球进入太空。散逸层是地球大气的最外层，该层的上界在哪里还没有一致的看法。实际上地球大气与星际空间并没有截然的界限。散逸层的温度随高度增加而略有增加。

地球卫星——月球

　　月球，俗称月亮，古称太阴，是环绕地球运行的一颗卫星。它是地球唯一的一颗天然卫星，也是离地球最近的天体（与地球之间的平均距离是 38.4 万千米）。月球是被人类研究得最彻底的天体。让我们一起去简单了解一下，这个一直守卫着地球的"卫士"吧！

◐ 月球外貌

月球，我国古时候称太阴，民间叫月亮。它还有几个高雅的名字：素娥、婵娟、嫦娥、玉盘、冰镜……

地球的卫星——月球

月球是地球独一无二的卫星，哥白尼称它为"地球的卫士"。自从它诞生以来，在数十亿年的漫长岁月里，它始终与地球形影不离。它是地球唯一的天然卫星。像地球一样，它是一颗坚实的固体星球。它一面绕着地球转，一面和地球一道绕太阳运行。

月球是一个不大的天体，平均直径是 3 476 千米，大约是地球的 $\frac{3}{11}$。根据它的直径，就能计算它的表面积和体积。月球的表面积是 3 800 万平方千米，相当于地球表面积的 $\frac{1}{14}$，比 4 个中国还要小。月球的体积是 220 亿立方千米，只有地球体积的 $\frac{1}{49}$。

月球的质量是分析它对地球上物体所产生的吸引力得出来的。根据万有引力定律，月球对地球上物体的吸引力，同月球和被吸引物体的质量成正比，同它们之间的距离的平方成反比。被吸引物体的质量是已知数，月球到地球的距离也已经知道，只要测出被吸引物体受到月球的吸引力是多少，立刻就能算出月球的质量。

将月球的质量除以它的体积，就得到它的密度。月球的

趣味点击　月海

所谓的月海，是指月球月面上比较低洼的平原，用肉眼遥望月球有些黑暗色斑块，这些大面积的阴暗区就叫月海。

平均密度为 3.34 克/厘米^3，是地球密度的 $\frac{3}{5}$，比组成地壳岩石的平均密度稍大一点。

根据月球的质量和半径，很容易计算出月球表面的重力，只有地球的 $\frac{1}{6}$。就是说，一个在地面上重 60 千克的人，到了月球上，体重只有 10 千克。

1609 年，伽利略用望远镜观测月球时，看到月面上亮的部分是山，可惜，他的望远镜放大倍率太低，看不清暗的部分是什么。他根据地球上有山有水的自然景色，把这些暗而黑的部分想象为海洋，并给予"云海""湿海"和"风暴洋"之类的名称。实际上，月海是低凹的广阔平原。

现在知道，月面的"海"约占可见月面的 $\frac{2}{5}$。著名的月海共有 22 个，其中最大的是风暴洋，面积约 500 万平方千米，有半个中国大。其次是雨海，面积约 90 万平方千米。此外，月面上较大的海还有澄海、丰富海、危海等。

月面上不仅有"海"，还有"湾"和"湖"。月海伸向陆地的部分叫湾，小的月海叫湖。

月面上山岭起伏，峰峦密布，最明显的特征是环形山。最大的环形山是月球南极附近的贝利环形山，直径 295 千米。其次是克拉维环形山，直径 233 千米。再次是牛顿环形山，直径 230 千米。直径大于 1 千米的环形山比比皆是，总数超过 3.3 万多个。小的环形山只是些凹坑。环形山大多数以著名天文学家或其他学者名字命名。

环形山是怎样形成的呢？有两种理论：①流星、彗星和小行星撞击月面的结果；②月面上火山喷发而成的。现在看来，这两种方式都可以形成环形山。小环形山可能是撞击而成的，大环形山则可能是火山爆发的结果。

除"海"和环形山外，还有险峻的山脉和孤立的山。月面上的山有的高达 8 千米。它们大多数是以地球上山脉的名字命名的，例如亚平宁山脉、高加索山脉和阿尔卑斯山脉等。最长的山脉长达 1 000 千米，高出月海 3～4 千米。最高的山峰在南极附近，高度达 9 000 米，比地球上世界屋脊——珠穆朗玛峰还高。

月面上常以大环形山为中心，向四周呈辐射状发散出去，成为白色发亮的条纹，宽约 10～20 千米。在向四周伸展出去的路上，即使经过山、谷和环形山，宽度和方向也不改变。典型的辐射纹是第谷环形山和哥白尼环形山周围的辐射纹。第谷环形山辐射纹有12条，从环形山周围呈放射状向外延伸，最长的达1 800千米，满月时可以看得很清楚。

贝利环形山

月面上比月海高的地区叫月陆，其高度一般在2~3千米，主要由浅色的斜长岩组成。在月亮的正面，月陆和月海的面积大致相等。在月亮背面，月陆的面积大于月海。经同位素测定，月陆形成的年代和地球差不多，比月海要早。

在月球表面上，除了山脉和"海洋"以外，还有长达数百千米的峭壁，其中最长的峭壁叫阿尔泰峭壁。

月亮的盈亏圆缺

十五的月亮，又亮又圆，像一面明镜，洁白美好。"花好月圆"更是一种诗情画意的境界。然而被人称为"天灯"的明月，并不是夜夜都照耀在天空的。在农历初八、初九和廿二、廿三，天边的明月变成了阴阳脸，半边明亮，半边黑暗。在农历初三、四和廿五、廿六，月面明亮的部分更少，只有镰刀似的弯弯一钩月牙。而农历月初和月底，连月牙也不复存在了。

有的人认为，有东西挡住了月亮。全部挡住，看不见月亮；挡住一部分，看见部分月亮；一点不挡，看见一轮明月。也有人认为，月亮半边发光，半边不发光。不发光的半边朝我们的时候，我们看不见月亮。发光的半边朝我们的时候，我们看见圆圆的月亮。在这两种情况中间，我们看见部分月亮。

这些说法貌似有理，其实都是错误的。

早在我国东汉时期，著名天文学家张衡就认识到，月亮本身不发光，它是被太阳照亮的。朝向太阳的一面就亮，背着太阳的一面就暗。他在《灵宪》中写道："月光生于日之所照，魄生于日之所蔽；当日则光盈，就日则光尽。"

这些认识是正确的。

知识小链接

张　衡

张衡（78—139年），字平子，汉族，南阳西鄂（今河南南阳市石桥镇）人，我国东汉时期伟大的天文学家、数学家、发明家、地理学家、制图学家、文学家、学者，在汉朝官至尚书，为我国天文学、机械技术、地震学的发展作出了不可磨灭的贡献。

月亮本身的确不会发光，是靠反射太阳光而发亮的。没有太阳的照耀，我们便看不到月亮。太阳只能照亮半边月亮，另外半边照不到。只有向着太阳的一面才明亮，背向太阳的一面是黑暗的。月亮在绕地球公转的过程中，太阳、地球和月亮的相对位置是经常改变的，地面观测者所看到的月面明暗部分，也将随这三者相对位置的变化而变化。月亮盈亏圆缺的各种形状叫作月亮的位相，简称月相。月相的变化就是日、月、地三者相对位置变化造成的。

月相变化图是月亮、太阳和地球三者相对位置的示意图。当月亮转到太阳和地球之间时，月亮朝地球的一面背着阳光，因此我们看不见月光，这是朔日。朔日在农历初一。朔日后的第一天，太阳刚落山，月亮就在西方地平线上了。往后，每隔一天，月亮就东移一点，向地球的一面被太阳照亮的部分也增加一点。朔后两三天，天空就出现一钩弯弯的娥眉月，习惯上叫新月。在娥眉月的时候，往往能在月牙外面看到稍暗的一圈光辉，这叫灰光，或称新月抱旧月。这个所抱的旧月不是别的，正是我们地球反射的太阳光照到月亮上的结果。

月相全过程

基本
小知识

月 相

月相，天文学术语。是天文学中对于地球上看到的月球被太阳照明部分的称呼。随着月亮每天在星空中自西向东移动一大段距离，它的形状也在不断地变化着，这就是月亮位相的变化。

新月以后，月亮继续东移。我们见到的月面部分也继续增大。到朔日后七八天，即农历初七、初八时，朝地球的月亮，半边黑暗，半边明亮，因此我们能看到半边月亮，这叫"上弦"。

上弦以后，月亮渐渐转到和太阳相对的一边，朝地球的一面照到太阳光的部分越来越多。当太阳、月亮和地球三者成一直线，地球位于太阳和月亮中间时，朝地球的一面月亮全部被太阳照亮，我们能看到整个圆面，这叫满月，或者叫"望日"。"望日"一般在农历十五或十六。

"望日"以后，月亮继续绕地球运行。但日、月、地的相对位置发生了变化，因此朝地球的一面被太阳照亮的部分在逐渐减少。"望日"后七八天，即农历廿二、廿三的时候，朝地球的一面月亮又是一半明亮，一半黑暗，我们又只能看到半个月亮。这叫"下弦"。

下弦以后，月亮继续绕地球运行。朝地球一面的月亮被照亮的部分越来越少，最后只剩弯弯一钩月牙，这叫"残月"。

在农历月底的时候，连一丝残月也见不到，最后又回到朔日。

月相这样周而复始地变化着。月相变化的周期叫作朔望月，一个朔望月等于 29.53 天。为了计算方便，一个月平均为 29.5 天。月大 30 天，月小 29 天。

在编制农历的时候，"朔"日规定在每月初一。由于月相变化的真正周期（29.53 天）比一个朔望月（29.5天）长，所以。"望日"不一定在农历十五，可能在十六或者十七。

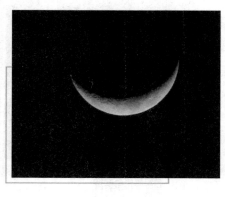

下弦月

月球的运动

月球有两种运动：围绕地球的公转和绕轴自转。此外，在地球上看来，月球还有像其他星星一样的东升西落运动。不过，那不是月球本身的运动，而是地球自转的反映。

月球绕地球运行的轨道叫白道。白道是一个椭圆，扁扁的，地球位于椭圆的一个焦点上。白道上距离地球中心最近的一点叫近地点，最远的一点叫远地点。近地点到地球中心的距离是 356 400 千米，远地点到地球中心的距离是 406 700 千米。

天体运行轨道的形状由它的偏心率决定。偏心率大，表示椭圆较扁；偏心率小，椭圆较圆。白道的偏心率是 0.054 9，比黄道略扁一些。

白道和黄道相交于两点，一是升交点，一是降交点。这两点的位置不是固定不变的，而是不断地西移，每隔 18 年 7 个月，沿黄道移动一圈。由于交点西移，月球东移，所以月球连续两次经过某一交点的时间间隔，比它连续两次经过某一恒星的时间间隔要短。前者叫交点月，后者叫恒星月。交点月等于 27.21 天，恒星月等于 27.32 天。因为只有当月球位于交点附近时，才有可能发生日食和月食，所以月球经过交点的时间，同日食、月食有很大关系。

你知道吗

升 交 点

升交点是指当卫星轨道平面与地球赤道平面的夹角即轨道倾角不等于零时，轨道与赤道面有两个交点，卫星由南向北飞行时的交点称为升交点。

白道不仅同黄道有一定的夹角，同它的赤道面也有 6°41′ 的夹角。因为这一倾斜的存在和月球运行速度的不均匀性，在月球运动过程中，地面上某一固定地点的观测者，才能看到 $\frac{1}{2}$ 以上的月球表面。

仔细观察月夜星空，不难发现月球的运动和其他星星不同。月球升起的时间，同前一天与它同时升起的星星相比，会迟，好像它在向东方后退似的。这个现象还可由日落时月球在天空的位置看出来。在朔日，夕阳傍山时月球位于西方地平线上。在娥眉月时，它位于西南方天空。上弦时，它升到了正南方向。满月时，"日落西山，月升东海"。下弦时，月球姗姗来迟，半夜才从东方地平线上爬起来。残月出现，天已黎明了。

这种现象是月球公转造成的。根据计算，月球每天相对于恒星东移 $13.2°$，每小时大约移动 $0.5°$，月球的圆面也大约只有 $0.5°$，所以，月球每小时在恒星之间约移动 1 个月面的距离，27 天多就可以移动 $360°$，也就是一圈。就是说，假如月球起初位于一颗亮星附近，第二天它就到了该星东面 $13.2°$，第三天在该星东面 $26.4°$，以此类推。27.32 天以后，它们又走到一起来了。月球这种从某恒星出发，在天空周游一圈，又回到该星附近同一位置的时间间隔叫恒星月。前面说过，1 个恒星月等于 27.32 天。

综上所述，恒星月、朔望月和交点月的长度是不相同的。为便于记忆，将它们列在下面：

朔望月：29.53 天；

恒星月：27.32 天；

交点月：27.21 天。

朔望月和恒星月为什么不一样长呢？

我们来看一看"望日"的情况。在这一天，太阳、地球和月球位于一条直线上，地球居于中间。开始，地球在 A，我们看到圆盘状的明月出现在一颗恒星前面。1 个恒星月后，月球再次来到那颗恒星前面，但由于地球带着月球沿黄道由 A 跑到了 B，可见，月球还须再走一段时间才能达到满月的位置。所以朔望月比恒星月长。

除了绕地球公转外，月球还在原地打转。这就是自转。

"月球有自转？"有人不相信，"用望远镜看月球，它老是一面朝着我们呢。"

其实，正是这个"老是一面朝着我们"才证明它有自转。不然的话，它在公转的时候，朝我们的一面要不断地改变。

一直一面朝着我们，泄漏了一个天机：月球上"1 天"等于"1 年"。

这里所述的"天"和"年"是同地球类比而言的。在地球上，"1 天"是地球自转 1 圈的时间，"1 年"是地球绕太阳公转 1 圈的时间。月球上 1 天等于 1 年，表示它的自转周期和公转周期相同。

月面上没有空气，即使在阳光耀眼的"白天"，仍能看见满天星星。在月球上看太阳，它在空中运行得十分缓慢。因为月面上无法区分年和月，白天和黑夜各 14.8 天。因此，月球上的日出和日落的过程是壮观的、漫长的，其过程可长达 1 小时。在日出的时候，东方会出现一种日冕光造成的奇景。美国宇航员目睹了这一美景。他形容说："美极了，很难用语言来形容。"另一方面，环形山给月面上造成了犬齿形的"地平线"。这种"地平线"在日出和日落时，也能产生美丽的奇景。这种奇景能保持好几分钟，看了真叫人如醉如痴！

应当指出，月球并不是严格地一面朝着我们的，如果是这样，我们只能看到 50% 的月面了，而实际上我们却看到了 59%。这 9% 的月面是在它跳"摇摆舞"时看到的。

月球的"摇摆舞"天文学上叫天平动。

🌙 知识小链接

天平动

由于几何和物理的原因，地面观测者所看到的月球正面边缘部位的微小变化，即月球环绕月心所作的周期性的、像天平那样摇摆的运动叫天平动。

月球的天平动分为几何天平动和物理天平动两种。

（1）几何天平动又名光学天平动和视天平动。它是由几何方面的原因而引起的。它有前后和左右的摇摆：①前后摇摆。当月球运行到白道最北点时，人们可以在月球南极看到 6°41′ 区域；月球运行到白道最南点时，人们可以在月球北极多看到 6°41′ 区域。这种前后摇摆，是月球的赤道和黄道有 6°41′ 的夹角造成的，天文学上叫纬天平动。②左右摇摆。月球在椭圆轨道上运行，当它在轨道上从近地点奔向远地点时，它西边外侧在经度方向有 7°45′ 被地面上看到；当它由远地点奔向近地点时，它东边外侧在经度方向有 7°45′ 被地面上看到。这种现象是月球在椭圆形轨道上运动速度有快有慢造成的，这种摇摆叫经天平动。

（2）物理天平动是描述月球自转轴状态的。现代的电子计算机计算表明，月球自转轴所指的方向不是固定不变的，自转速度也有变化，它们形成一个幅度较小的摆动，周期为 1 个月。像地极移动一样，这种摇摆也会造成 2 秒左右的天平动。

☀ 日食和月食

晴空万里，红日高照。突然，一个奇怪的黑影闯进了圆圆的日面，把太阳一点一点地"往肚里吞"，明亮的太阳因此一点一点地变黑，最后全然没有了。于是明亮的白天变得像黄昏，天上明星显现。

十五的月亮斜挂天空，清冷的月光洒向大地。这时，这银轮般的明月在无云遮掩的情况下，慢慢残缺下去，最后完全失去光辉。

这分别就是日食和月食时的情景。

我国有悠久的历史，历代有丰富的天象记录。驰誉中外的河南安阳发掘出来的殷朝最后都城遗址的文物——殷墟甲骨文中，记载着公元前1 000多年的日月食。这比巴比伦的日食纪事早得多。在春秋时期的242年中，有日食记录37次，其中33次经过现代推算证明是可靠的。在这37次日食记录中，有几次是食分不大的偏食，如果没有预报，人们是不会注意到它的发生的，可见我国早就预报日食了。

日全食

◎ 日月食是怎样发生的

日月食并不神秘，它们是一种普通的自然现象。这种自然现象是地球和月球公转运动产生的。

宇宙中的星星像走马灯似的，来来往往，穿梭不停。地球围着太阳转，月球绕着地球行，月球和地球一起绕着太阳运行。当月球、地球和太阳三者走到一条直线附近时，就有可能发生日月食。因为月球和地球都不发光，它们是靠太阳光照亮的。在太阳照耀下，月球和地球的后面拖着一条长长的黑影子。当月球转到太阳和地球中间，太阳、月球和地球几乎成一直线时，长长的月球影子就落到地球上。在月球影子里的人看起来，太阳被月球遮住，便成了日食。当地球走到太阳和月球中间，太阳、地球和月球几乎成一直线时，长长的地球影子落到月球上，这便形成了月食。

由于地球相对于月球的影子有相对的移动，月球相对于地球的影子也有相对的移动，因此日食时太阳是一点一点被"食"掉的，月食时月球也是一点一点被"食"掉的。

◎日　食

月球的影子有本影、半影和伪本影之分，它们分别对应着不同的日食情形。

本影是一个会聚的圆锥，投向它的阳光全部被月球挡住，位于本影内的人看到的是日全食。

在半影内，月球只遮住日面的一部分，看到日偏食。

基本小知识

日偏食

　　当月球运行到地球与太阳之间，地球运行到月球的半影区时，地球有一部分被月球阴影外侧的半影覆盖的地区，在此地区所见到的太阳有一部分会被月球挡住，此种天文现象就叫日偏食。

月球在椭圆轨道上绕地球运行，到地球的距离时远时近。当月球离地球较近时，在地球上的人看起来，月球表面比太阳表面还大，它能把整个日面挡住。在这种情况下，月球的本影可以投到地面上，造成了日全食或日偏食；当月球离地球较远时，在地球上的人看起来，月球表面比太阳表面小，它不能把整个日面挡住，月球本影的锥顶位于地球上空，只有伪本影落在地面

拓展思考

本　影

①天体的光在传播过程中被另一天体所遮挡，在其后方形成的光线完全不能照到的圆锥形内区。②太阳黑子中央较暗的部分。

上。在伪本影内的观测者看到黑暗的月面周围有一圈明亮的光环，这叫日环食。

因此，日食有日全食、日偏食和日环食3种。有时，沿日食带观测时，起初看到日环食，中间看到日全食，最后又看到日环食。这种情况叫作全环食。

月球位于地球附近，地球的本影又很长，因此地球的本影比月球直径宽得多，所以月食没有环食，只有全食和偏食。如果月球在地球本影边缘掠过，只有一部分掠入本影，便发生月偏食；如果月球钻入地球本影，就发生月全食；如果月球钻入地球半影，就发生半影月食。发生半影月食时，肉眼一般看不出月球明显变暗，所以天文台一般不预报。

月全食时，并不是一点月光都见不到，而是能看到一个古铜色的月面。之所以如此，是因为穿过地球低层大气的太阳光受到曲折，进入地球本影，投射到了月面上。

月球是从西往东走的，因此日食总从太阳西部边缘开始，到东部边缘结束。月食则不同，由于月球从西向东运动，月食时总是月球的东部边缘先接触地影，西部边缘最后离开地影。

观测者在地球上一个固定地点看来，日全食分为5个阶段，它们是初亏、食既、食甚、生光和复圆。月球的东部边缘与太阳的西部边缘相外切时叫初亏，这是日食开始。月球西部边缘与太阳西部边缘相内切时叫食既，这时日全食开始。月球中心和太阳中心相距最近时叫食甚。月球的东部边缘与太阳的东部边缘相内切时叫生光，生光就是全食过程结束，太阳将开始发光。月球西部边缘和太阳东部边缘相外切时称为复圆，整个日全食至此结束。

日偏食只有3个阶段：初亏、食甚和复圆，没有食既和生光。

对一个地方来说，日全食的过程是短暂的，最长不过7分钟，一般在2~3分钟。1980年2月16日发生在我国云南省的日全食，全食阶段只有1分37秒。但从初亏到复圆，整个日食过程可持续3个多小时。

日食的程度以食分大小来表示，日全食的食分是食甚时月影直径和日面视直径的比值，它大于或等于1。日偏食时的食分是食甚时日面被遮部分直径与日面直径的比值，它总是小于1。

月全食过程也包括从初亏到复圆5个阶段。但由于月全食时月球相对于地影的运动和日全食时月影相对于地球的运动方向不同，因此它们的定义也不相同。具体说来，月球的东部边缘与地影西部边缘相外切被称为初亏，月食开始。月球西部边缘与地影西部边缘相内切时称食既，月全食开始。地影中心与月球中心距离最近时叫食甚。月球东部边缘与地影东部边缘相内切时称为生光，月全食结束。月球西部边缘与地影东部边缘相外切时作为复圆，整个月食过程结束。

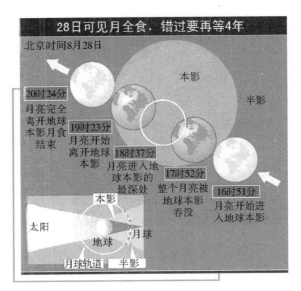

月全食过程示意图

28日可见月全食，错过要再等4年

北京时间8月28日

本影

半影

20时24分 月亮完全离开地球本影月食结束

19时23分 月亮开始离开地球本影

18时37分 月亮进入地球本影的最深处

17时52分 整个月亮被地球本影吞没

16时51分 月亮开始进入地球本影

太阳

本影

地球

月球

月球轨道　半影

前面讲过，日食是月球影子扫过地球形成的。月食是月球钻进了地影的结果。因此，发生日月食的首要条件是太阳、月球和地球三者大体上位于一条直线上。没有这个条件，月球的影子扫不到地球上，月球也进不了地球的影子，日月食也就无从谈起。

在朔日的时候，月球走到地球和太阳的中间，它的影子有可能扫过地球，因此，日食一定发生在朔日，即农历初一。在望日的时候，地球处在太阳和月球之间，月球有机会进入地球的影子，因此，月食一定发生在望日，即农历十五或十六。

但是，并不是每次朔日都发生日食、每次望日都发生月食。这是什么原因？原来，月球沿白道绕地球转，地球沿黄道绕太阳运行。白道和黄道之间并不重合，两个轨道面之间有5°9′的交角。如果白道面和黄道面重合，那么每次朔日一定发生日食，每次望日一定发生月食。由于白道面和黄道面之间有交角存在，就可能发生下面两种情况：①在朔日或望日时，月球不在黄道面上或黄道附近，这时就不会发生日食或月食。②在朔日或望日时，月球正好位于黄道面上或黄道面附近，这时就有可能发生日食或月食。

这后一种情况，只有在太阳和月球都位于黄道和白道交点附近时才有可能，因此日食或月食一定发生在太阳和月球都位于交点附近的时候。

月全食

在地球上看来，太阳和月球圆面的直径大约都是 0.5°，黄道面和白道面的交角是 5°9′。根据这些数值不难计算，在黄道和白道交点两边各 18°31′的范围之外，不可能发生日食；而在 15°21′以内，一定会发生日食；在 18°31′到 15°21′，可能发生日食。这个能发生日食的极限角距离叫日食限。

同样，月球距黄道与白道交点大于 12°15′，不可能发生月食，小于 9°30′，一定发生月食；在 12°15′ 与 9°30′之间，可能发生月食。

如果按日期来计算，可能发生日月食的那段时间叫食季，意思是发生日月食的季节。太阳每天在黄道上由西向东移动 1°，食限在黄道上的距离大约是 36°，因此太阳在黄道上走完日食食限大约需要 36 天，这就是食季长度。

食季长 36 天，而朔望月长 29.53 天，因此，在食季时间内，必定有一次朔日，就是说一定要发生一次日食。由于黄道和白道有 2 个交点（一个升交点，一个降交点），在每个交点附近，都有一个食限，因此在 1 年之内至少有 2 次日食。当然，这是指全球而言的，对于某一个局部地区而言，不会每年都能观测到日食。

月食的情况则完全两样，有的时候可能一年不发生月食。然而太阳在某年年初经过黄道和白道一个交点，年中经过另一个交点，年底又经过前一个交点时，这一年内最多可能发生 7 次日月食，即 5 次日食和 2 次月食，或者 4 次日食和 3 次月食。

📄 月地距离

月球作为一名"卫士"，同它的"主人"——地球是相处得很好的。它诞生 40 多亿年以来，始终围绕着地球不停地转动。此外，它还是满天星斗中

离地球最近的一颗星，平均距离只有 384 401 千米。月球到地球的距离，只有

太阳到地球距离的 $\frac{1}{400}$。38 万多千米，一颗
速度为 500 米/秒的炮弹，需要飞行 9 天，
传播 332 米/秒的声音，需要传播 13 天。即
使是光线，从月亮到达地球，也得走 1.25
秒。这样遥远的距离如何测量出来的呢？

地球与月球

　　第一次测量月球距离的是古希腊的喜
帕恰斯。他利用月食测量了月地距离。当
时希腊人已经意识到，月食是由于地球处
于太阳和月球中间，地影投射到月面上造
成的。根据掠过月面的地影曲线弯曲的情
况，能显示出地球与月球的相对大小，再
运用简单的几何学原理，便可以推算出月
地距离。喜帕恰斯得出，月球到地球的距
离几乎是地球直径的 30 倍。

知识小链接

喜帕恰斯

　　喜帕恰斯（约公元前190—前125年），古希腊最伟大的天文学家，他编制出
1 022颗恒星的位置一览表，首次以"星等"来区分星星，发现了岁差现象。喜帕
恰斯生于小亚细亚半岛西北的尼西亚，曾长期在罗得岛工作，是方位天文学的创
始人。

　　1751 年，法国的拉朗德和拉卡尹，用三角法精确地测量了月地的距离。
　　三角法是测量队常用的一种方法，它能用来测量不能直接到达的地方的
距离。比如，在一条奔腾咆哮的河对岸有一建筑物，要想知道它的距离，又
不能渡过河去，就可以用三角法测量。方法是在河这边选取两个基点，量出
它们之间的距离（这两个基点之间的连线叫基线），然后在两个基点上分别量
出被测目标同基线的夹角，就可以计算出被测建筑物的距离。拉朗德和拉卡
伊所用的正是这种方法测量月地距离的。不过，由于天体都很遥远，用三角

法测量天体时，基线要取得很长。拉朗德和拉卡伊选取柏林和好望角为基点。拉朗德在柏林，拉卡伊在好望角，同时观察月球。他们测得月球离地球是384 400千米。

随着科学技术的发展，20世纪50年代以来，先后发展了雷达测月和激光测月。

雷达测月在1946年开始试验，1957年首次获得成功。用这种方法测量的月地距离是384 403千米，误差在1千米之内。目前国际天文界共同采用的数字是384 401千米。

拓展阅读

好望角

好望角正位于大西洋和印度洋的汇合处，即非洲南非共和国南部。强劲的西风急流掀起的惊涛骇浪常年不断，这里除风暴为害外，还常常有"杀人浪"出现。这种海浪前部犹如悬崖峭壁，后部则像缓缓的山坡，当这两种海浪叠加在一起时，海况就更加恶劣，而且这里还有一条很强的沿岸流，当浪与流相遇时，整个海面如同开锅似的翻滚，航行到这里的船舶往往遭难，因此，这里成为世界上最危险的航海地段。

激光的发明，特别是1960年第一台红宝石激光器问世，使得天文学家有可能将雷达天文扩展到光学波段。在测量月地距离时，人们用激光雷达代替无线电雷达，这就是现在很受推崇和注意的激光测月。由于激光的方向性极好，光束非常集中，单色性极强，因此它的回波很容易同其他形式的光区分开来，所以激光测月的精确度远比雷达测月高，可精确到几十厘米。

第一次成功地接收到月面反射回来的激光脉冲是1962年，它为激光测月拉开了序幕。7年以后，美国用"阿波罗—11号"宇宙飞船把2名宇航员送上了月球。他们在月面上安装了供激光测距用的光学后向反射器组件。这个组件反射的激光脉冲，将严格地沿着原路返回地面激光发射站，供地面接收。用这种方法测量月地距离，精度可达到8厘米。

木　星

　　木星，为太阳系八大行星之一，距太阳（由近及远）顺序为第五，亦为太阳系体积最大、自转最快的行星。木星赤道部分的自转周期为 9 小时 50 分 30 秒，两极地区的自转周期稍慢一些。古代中国称之为岁星，取其绕行天球一周为 12 年，与地支相同之故。

　　木星表面有一个大红斑，位于木星赤道南部，从东到西最长时有 43 000 千米，最小时也有 20 000 多千米，从北到南最长有 14 000 千米，最短时也有 11 000 千米，面积大约 453 250 000 平方千米，能容纳三个地球。

木星的外貌

在太阳系中，火星轨道之外的大行星是木星，木星之外是土星。在八大行星中，木星的个头最大，土星次之，它们是八大行星中的一对巨人。

木 星

木星的形状有点特殊——呈扁圆形。它的平均直径约 14.3 万千米，是地球的 11.18 倍，体积是地球的 1 316 倍，其质量是地球的 318 倍，是其他七个大行星质量总和的 2.5 倍。木星距离太阳 7.783 亿千米，合 5.2 天文单位。木星自转很快，自转周期仅仅是 9 小时 50 分，大概它的扁圆形就是由于它的快速自转造成的。它的公转周期为 11.86 年。

木星是外行星，离太阳又比较远，因此除了在上合前后几十天看不见它之外，几乎常年可见。木星非常明亮，它的亮度仅次于金星。我国古代称木星为"岁星"。

望远镜发明之后，木星也是天文学家观测研究得最多的行星之一。然而，直到 20 世纪 70 年代对木星进行空间探测之前，人们对它的认识还仅仅停留在一些肤浅的、表面的现象上。

从 20 世纪 70 年代到目前为止，先后有 4 个探测器考察过木星。这 4 个探测器是美国先后在 1972 年、1973 年和 1977 年发射的"先驱者 10 号""先驱者 11 号""旅行者 1 号"和"旅行者 2 号"。这 4 个探测器给我们送回了大量的、丰富多彩的木星照片和资料，使我们对木星的认识一下子深入了一大步。

🔍 木星的大气层

像地球一样，木星也有大气层。木星的大气有一个十分明显的特点，通过大望远镜，我们可以清楚地看到木星表面有许多平行于赤道的、明暗相间的条纹，这就是木星大气中存在着的条带状的浓云，明亮的部分呈白色或者淡黄色，暗淡的部分呈红褐色。木星的条纹结构很复杂，并且一直在缓慢地变化着，然而它们却始终不会消失。

木星的大气层厚约 1 400 千米，其成分与太阳差不多，其中氢占 82%，氦占 17%，剩下的 1% 是甲烷、氨等其他成分。木星的大气密度大约为地球的 $\frac{1}{5}$，大气的平均温度约为 $-140℃$。大气中有十分强烈和频繁的闪电现象。

根据木星与太阳的距离来计算，木星大气的温度应该是 $-168℃$，而目前实测的结果却是 $-140℃$。体积庞大的木星，温度提高二三十℃可不是一件容易的事，这么多的能量来自何方呢？答案只有一个：来自它自身。科学实测也证实了这一点，探测器不仅接收到木星的红外辐射，而且还接收到很强的无线电波辐射。我们都知道，恒星与行星的区别就在于它们是否会发光、发热。木星能够发光、发热的事实，又给科学家们提出了一个难题：木星究竟是恒星还是行星？

拓展思考

红外辐射

波长约在 $0.75 \sim 1\,000\,\mu m$ 之间的电磁辐射。红外线是一种电磁波，位于可见光红光外端，在绝对零度（$-273℃$）以上的物体都辐射红外能量，是红外测温技术的基础。

木星的内部又是怎样的状况呢？在空间探测之前，科学家们已经猜想木星是颗"液体行星"，空间探测的结果证实了这一点。木星的结构从外到里可以粗略地分成 3 层：液态分子氢层、液态金属氢层和内核层。液态分子氢的表层温度很高，约为 5 000℃，仅比太阳的温度低 1 000℃，表面压力高达几千个大气压。液态金属氢层的温度达 11 000 ~ 20 000℃，压力达

300 万～1 000万个大气压。木星的核心部分是液态的还是固态的，目前还是一个未解之谜，不过多数天文学家认为木星的核心是一个由铁、镍和硅酸盐组成的固态的核，温度高达 20 000～30 000℃，压力则达 1 000 万～1 亿个大气压。

当然，按照目前的状况，说木星是一颗恒星还不够资格。不过，还有科学家认为木星内部温度目前已高达 28 万℃，那里正在进行着热核反应，只是释放能量的速度还不高，但它正在逐渐变热、变亮，几十亿年之后，它就会成为一颗真正的恒星。事实果真会如此吗？还需要进一步地观测和研究。

➡ 特有的大红斑

木星的表面有一个非常显著的特征，即在木星南半球上，有一块红色的卵形圆斑，俗称大红斑。它是 1665 年法国天文学家乔·卡西尼（1625～1712 年）发现的。几百年来，虽然它的大小、形状和颜色时有变化，而且它的位置也在沿着与赤道平行的方向缓慢地移动着，但是它像大气中的条纹一样，始终没有消失过。

木星大红斑

大红斑到底是什么呢？这是一个令人十分感兴趣的问题。几个飞向木星的探测器都对大红斑做了考察，原来大红斑实际上是大气中特大的气流漩涡。通过空间探测器送回的近距离照片，我们还可以看到大红斑中还有复杂的细节结构。整个气旋是按逆时针方向旋转，大约每 6 天转一圈。在木星大气 –140℃的低温条件下，分子运动应当是很缓慢的，何以能维持这样强大的气旋，并且经久不衰？这确实又是一个难解之谜。

◨▶ 木星的光环

    望远镜发明之后不久，人们便发现了土星的光环，而且在很长时间内，土星一直被认为是唯一带环的行星。1977年，天王星打破了土星"唯一带环"的纪录。1979年，"旅行者号"又发现了木星也拥有光环，并且为我们送回了木星环的照片。

木星光环

    木星环由一些大大小小的黑色石块组成，黑石块不反射太阳光，所以人们用望远镜观察了木星几百年也没有发现它的光环。木星环厚20～30千米，宽数千千米，内边缘距离木星表面约5万二米。木星环的结构也不简单，大致可以分为3层。整个环以每7小时一周的速度围绕木星旋转。

📝 知识小链接

木星光环

    木星光环和土星光环有很大不同，木星光环比较弥散，由亮环、暗环和晕3部分组成。亮环在暗环的外边，晕为一层极薄的尘云，将亮环和暗环整个包围起来。木星光环距木星中心约12.8万千米，环宽9 000余千米，厚度只有几千米左右。

◨▶ 众多的卫星

    迄今为止，人类共发现了木星的16个卫星。木卫一、木卫二、木卫三和木卫四是伽利略发现的，故人们一直称它们为伽利略卫星，它们也是太阳系中除月球之外最早被发现的 4 个卫星。后来被发现的卫星数目逐渐增加，到空间探测之前，木星的卫星数是 13 个，是八大行星中拥有卫星最多的。空间探测之后，又发现了木星的 3 个卫星，然而也发现了土星的卫星数是 23 个，超过了木星的卫星数。

木卫一

空间探测发现直径约 3 632 千米的木卫一的表面有一个惊人的现象，那上面至少有 9 个活火山正在猛烈地向外喷发，其中一个火山的喷发物高达四五百千米，非常壮观。木卫三的直径达 5 276 千米，是目前已知的太阳系全部 66 个卫星中最大的一个，甚至还超过了水星和冥王星，木卫三的表面有一层厚达七八十千米的冰层，它表面的环形山比月球要少得多。直径 4 820 千米的木卫四表面却布满了密密麻麻的环形山。

在木星上看木星的卫星应该能看到一幅十分美妙的画面，众多的卫星不仅大小不一，而且绕行星转动的轨道也各不相同，尤为引人注目的是多数卫星围绕木星自西向东旋转，还有少数卫星却是反其道而行之。

土　星

　　土星，为太阳系八大行星之一，至太阳距离（由近到远）位于第六、体积则仅次于木星。并与木星、天王星及海王星同属气体（类木）巨星。古代中国亦称之为镇星或填星。

　　赤道直径约 120 560 千米（为地球的 9.46 倍），两极直径大约 108 000 千米，扁率很大，是最扁平的行星之一，也是太阳系第二大行星。它与邻居木星十分相像，表面也是液态氢和氦的海洋，上方同样覆盖着厚厚的云层。土星上狂风肆虐，沿东西方向的风速可超过每小时 1 600 千米，是木星风速的 4 倍。土星上空的云层就是这些狂风造成的，云层中含有大量的结晶氨。

土星的外貌

在八大行星当中，土星是当之无愧最美丽的一个。土星的轨道在木星之外，是人们肉眼所能看到的最远的一颗行星。我们通过望远镜，就能看见它那带有宽大、明亮光环的美丽形象。

土星的外貌

土星的直径为 12.07 万千米，是地球的 9.41 倍，比木星略小一点。土星距离太阳约 14 亿千米，近 10 个天文单位。土星自转周期为 10 小时 14 分钟。它比木星还扁，两极半径比赤道半径短 5 500 千米，是太阳系中最扁的一个大行星。它的公转周期是 29.46 年。土星的体积是地球的 745 倍，而质量却只有地球的 95 倍。

土星也很明亮，冲日时的亮度可达 0.4 等，和著名的织女星差不多，因此我国古代就已经注意到它，并叫它"填星"或"镇星"。在希腊神话故事中，土星是主神宙斯的父亲克洛诺斯，他主管农业和时间。

土星由于它那与众不同的、美丽的外形而引起了天文学家的重视。像木星一样，从望远镜发明 300 多年以来，天文学家对它也进行了大量的观测和研究。20 世纪 70 年代之后，考察过木星的 4 个宇宙飞船中的 3 个，即"先驱者 11 号""旅行者 1 号"和"旅行者 2 号"也飞向土星，对土星及其光环进行了细致的考察，使人们对土星的认识产生了极大的飞跃。

趣味点击　　织女星

织女是天琴座的主星，又名织女星。织女一是天空中最亮的恒星之一，视星等 0.0；它是位于夏季大三角的直角顶点上。织女星是一个椭球形的恒星，北极部分呈淡粉红色，赤道部分偏蓝。

土星的大气层

和其他几颗大行星一样，土星也有大气层。土星大气的成分主要是氢和氦，还有少量的甲烷和氨等其他气体。土星的云层中也有黄色、橘黄色和橘红色的带状结构，但是远比不上木星的那样明显。土星大气中没有类似于木星那样的大红斑，但却时常会有白斑出现。土星上一个有名的白斑是英国一位名叫威廉·海的喜剧演员于 1933 年 3 月用一架口径 15 厘米的小望远镜在土星赤道附近地区发现的。这个大白斑存在了几十年之后才逐渐消失。

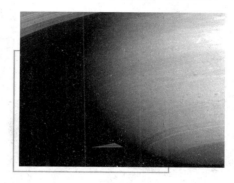

土　星

与木星一样，土星大气的实际温度也比理论计算值高出大约 30℃，说明土星也有自己的能源，也在发射红外辐射。空间探测证实了这一点。

土星与木星相似，也是一个液体行星，在它浓密的大气层下面，是由液态的氢和液态的氦组成的"汪洋大海"。厚约 27 000 千米的液态氢、氦层的下面，是厚约 8 000 千米的金属氢和金属氦层。再往下是厚约 5 000 千米的冰层。冰层下面可能也是类似于木星的固体核心。

美丽的光环

早在 19 世纪时，科学家已经知道土星的光环不是一个整体，而是由无数大大小小的冰块组成的，中间也夹杂着一些石块和铁块。通过雷达探测发现，组成光环的冰块直径为 4～30 厘米，它们的总质量为 2 473 亿亿吨。后来，科学家又发现，土星光环可分为 A、B、C 三个环。A 环和 B 环之间有宽 5 000 千米的卡西尼环缝，B 环和 C 环之间有宽 3 000 千米的法兰西环缝。三个环中 C 环距离土星表面最近，C 环内边缘距离土星表面 1.3 万千米；A 环距离土星表面最远，A 环外边缘距土星表面约 7.7 万千米。1969 年人们在 C 环以内又发现了 D 环，在 A 环以外又发现了 E 环。光环的厚度仅有 20 千米左右。

知识小链接

卡西尼环缝

卡西尼环缝是土星环 B 环与 A 环之间的空隙。1675 年被卡西尼发现，故而得名。环缝宽 5 000 千米。"旅行者 2 号"飞船发现环缝中还有几条细窄环。

绚丽的土星光环

1979 年 9 月，"先驱者 11 号"飞向土星，它距离土星最近时只有 12.8 万千米，通过对它传回信息的研究发现，土星的光环还不止 5 条，A 环之外还有一个 F 环和一个 G 环。F 环最窄，宽度约 800 千米。G 环最靠外，其内侧距土星表面 10.7 万千米，环内物质稀薄，也很窄。

1980 年 11 月，"旅行者 1 号"飞向土星，它与土星的最近距离为 12.4 万千米。"旅行者 1 号"对土星光环进行了细致的考察，为我们送回了大量的极其清晰的彩色照片。通过对它传回信息的研究发现，土星光环并非只有 7 条，而是密密麻麻的，多得几乎数不清，有人形象地比喻它像一张巨大的密纹唱片，从土星云层上空一直排到距离土星 32 万千米的地方。通过"旅行者 1 号"还发现，土星光环的结构十分复杂，不仅大小、宽窄各不相同，而且还不对称，就连最宽最亮的 B 环也并不是完整的一圈。有的大环中套着小环，有的呈犬牙交错的锯齿状。F 环更特殊，它由 3 股细环扭结在一起，宛如女孩子头上梳起的一条长辫子。更令人惊异不已的是，土星光环还发出强大的无线电波，光环本身似乎还有大气包裹着。

1981 年 8 月，"旅行者 2 号"又来到土星附近，这次它比"先驱者 11 号"和"旅行者 1 号"更接近土星，距土星最近时为 10.1 万千米。"旅行者 2 号"不负众望，拍到了比前两次更精细、更清晰的光环照片。它再次证实土星光环绝不仅仅是简单地分为几条，它那粗粗细细的条纹成千上万，的确像是一张硕大无比的密纹唱片。"旅行者2号"看到的F环与9个月前"旅行者1号"所见到的已经大不一样，"扭结"已经解开，但在里面却又衍生出了14个独特的小环，环中还有一些光亮的团块，这充分说明随着时间的发展光环的变化是很快的。"旅行者2号"还测量了土星光环的温度，大约为−208～−198℃；它还发现在光环的环缝中也并不是空空的，它看到在A环的环缝里有一条卷曲状的小光环在游动。

对土星光环的一系列新发现，使科学家们兴奋不已，但同时又给科学家们提出了许多新的难题，土星光环中的这些现象都需要有科学的解释。

土星的光环不仅几乎常年可见，还有它自己的变化规律。

1610年，伽利略曾在望远镜中看到了土星两旁各有1个"附着物"。后来这2个"附着物"逐渐变小，2年以后竟然完全消失了，又过了几年，这2个"附着物"重新出现。这个现象曾使伽利略百思不得其解，因为当时伽利略还不知道土星的这2个"附着物"就是它的光环。土星光环是在伽利略逝世之后，1656年由荷兰物理学家惠更斯（1629～1695年）发现的。

土星光环为什么会消失呢？这个道理并不复杂。土星的赤道平面与它的黄道平面之间有一个大约为27°的夹角，土星的光环与赤道平面平行，即光环与黄道面的交角也大约为27°。这样，在不同的轨道位置上，我们从地球上就会看到角度不同的土星光环。土星光环又薄又宽，像张大唱片，当它的侧面朝着我们时，我们看上去应是一条直线，但由于它太薄了，它的厚度仅20千米，即使用大望远镜也看不见这么细的一条线，所以土星光环就"消失"了。

土星29.4年围绕太阳公转一周。在这公转的一周当中，光环有2次以侧面对向我们的机会，因此土星光环大约每隔14.8年就会消失一次。

◑▶ 为数众多的卫星

20世纪70年代以前，人们已经发现了土星的10颗卫星。那时候，木星的卫星数是13颗，为太阳系八大行星之冠，土星屈居第二。空间探测之后，土星的卫星数目一下子增加到23颗，超过了木星7颗，一跃而成为太阳系中卫星最多的行星。不仅如此，而且另外还有十几个是土星卫星的"候选者"

土卫六

有待进一步的确认。

土星的卫星，最引人注目的当属土卫六。"旅行者号"对它探测后，确定出它的直径是 4 840 千米，在已知的太阳系 66 颗卫星中，仅比木卫三小一点，名列第二。更使天文学家对它感兴趣的原因还在于它像木卫三一样也有厚厚的一层大气，大气中 99% 是氮气，另外 1% 是甲烷、乙烷和丙烷等碳氢化合物。土卫六高层大气的温度约为 -100℃，低层大气的温度大约在 -180℃。

土卫一、土卫四和土卫五，也很吸引人。这三颗卫星有很多地方都很像月球。首先，它们都和月球一样，自转周期和公转周期相同，所以始终都以自己的同一半球对着土星。其次，它们的表面也像月球表面一样，有许多大大小小的，由陨星撞击而形成的环形山。在土卫四上甚至还可看到类似月球表面的辐射纹。土卫五的直径为 1 530 千米，是土星 23 颗卫星中第二大卫星，它表面的环形山之多不亚于月球。

基本小知识

土卫六

土卫六是土星最大的一颗卫星。由荷兰物理学家、天文学家和数学家克里斯蒂安·惠更斯于 1655 年 3 月 25 日发现，它也是在太阳系内，继木星伽利略卫星发现后发现的第一颗卫星。由于它是太阳系唯一一个拥有浓厚大气层的卫星，因此被视为一个时光机器，有助我们了解地球最初期的情况，揭开地球生物如何诞生之谜。

直径约为 500 千米的土卫二显得有点与众不同，它的表面光滑。为什么唯独土卫二能够逃脱陨星撞击的命运呢？目前还没有得到圆满的解答。

土星的卫星众多，卫星的形态也各不相同。个儿比较大、半径达到几百千米以上的，一般都呈球形，个儿比较小、半径只有几十千米的卫星，就奇形怪状，毫无规则了。

天王星、海王星、冥王星

　　天王星是太阳向外的第七颗行星，在太阳系的体积是第三大（比海王星大），质量排名第四（比海王星轻）。海王星是环绕太阳运行的第八颗行星，是围绕太阳公转的第四大天体（直径上）。海王星在直径上小于天王星，但质量比它大。海王星的质量大约是地球的17倍，而类似双胞胎的天王星因密度较低，质量大约是地球的14倍。冥王星，也被称为134 340号小行星，曾经是太阳系九大行星之一，但后来被降格为矮行星。

躺着转的行星——天王星

天王星是 1781 年由著名的英国天文学家威廉·赫歇尔（1738 ~ 1822 年）发现的。当时，他还是英国皇家乐队的钢琴师，只是一名业余天文爱好者，使用自己磨制的望远镜，但却成为世界上第一位发现行星的功臣。他希望用英王乔治的名字来命名这颗新行星，天文学家不以为然，有不少天文学家建议用发现者赫歇尔的名字命名，他又谦虚地谢绝。最后还是以希腊神话中最早的天神"乌拉诺斯"命名，中国就称之为天王星。

天王星

天王星比较暗，最亮时能达到 6 等星，眼力好的人勉强可见。它的直径 5.2 万千米，是地球的 4 倍多，质量则为地球的 14.54 倍。它离太阳的平均距离为 28.7 亿千米，特别寒冷。天王星也有较厚的大气层，大气的主要成分是氢，其次是氦，还有少量的甲烷。大气内的平均温度在 $-200℃$ 左右。其核心是岩石物质，核心的温度大约两三千℃。核心外面是一层水冰和氨冰。天王星接收太阳辐射很少，也没有发现其内部有能源，但是它的大气却很不平静，风速可达 400 米/秒，这比地球上最强的飓风

飓 风

大西洋和北印度洋地区将强大而深厚（最大风速达 32.7 米/秒，风力为 12 级以上）的热带气旋称为飓风，也泛指狂风和任何热带气旋以及风力达 12 级的任何大风。飓风中心有一个风眼，风眼愈小，破坏力愈大。

的速度要快得多。

天王星公转一周需要 84 年。如果我们是生活在天王星上，长寿的人一辈子也不可能绕太阳 2 周。然而它自转一周的时间为 16.8 小时，比地球自转的速度快。它的自转轴几乎和公转轨道平面平行。因此，可以说天王星是懒散地"躺"在轨道平面上自转和公转。除了冥王星以外，地球和其他的行星基本上都是站在轨道平面上自转和公转的。为什么天王星如此特殊？天文学家猜想，它可能是被一颗行星撞倒了。

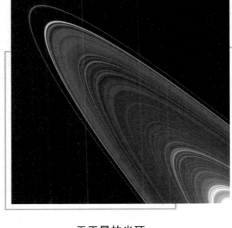

天王星的光环

天王星在被发现近 200 年后，才知道它也有环带。和木星环带一样，天王星的环带细而暗，地面上的大型望远镜也看不见它。1977 年，天文学家利用天王星掩食恒星的机会来探讨天王星是否存在环带。如果有环带，当它挡住恒星时，恒星的光度要变暗，所以从被掩恒星的光度变化确认了天王星环带的存在。当时发现的天王星环带有 9 个，1986 年宇宙飞船"旅行者 2 号"飞越天王星时，又发现了 2 个新环带，一共发现了天王星的 11 个环带。

天卫三

天王星的卫星也比较多，较早发现的 5 颗卫星都比较大，有 4 颗卫星的直径都在 1 100 千米以上，最小的一颗直径为 500 千米。1986 年 1 月，宇宙飞船"旅行者 2 号"飞近天王星，从 1 月 24 日到 2 月 25 日，对天王星及其卫星和环带进行了细致的观测，又发现 10 颗较小的卫星，使天王星的卫星数达到 15 颗。"旅行者 2 号"还对 5 颗早已知道的卫星拍了许多照片，发现这些卫星的地貌很像地球，特别是天卫五的地貌非常丰富，既有悬崖峭壁，又有高山峡谷。

知识小链接

地 貌

地貌就是地表起伏的形态，如陆地上的山地、平原、河谷、沙丘，海底的大陆架、大陆坡、深海平原、海底山脉等都是地貌。根据地表形态规模的大小，有全球地貌，有巨地貌，有大地貌、中地貌、小地貌和微地貌之分。地貌是自然地理环境的重要要素之一，对地理环境的其他要素具有深刻的影响。

"旅行者 2 号"还发现天王星有一个令人奇怪的现象：它背向太阳的极区温度反倒比被太阳照亮的另一个极区的温度要高一些。这是什么原因造成的，目前也是一个未解的谜。

计算出来的行星——海王星

海王星与太阳的距离为 45 亿千米。它的直径为 4.9 万千米，是地球的 3.9 倍，质量为地球的 17.2 倍。公转周期比天王星更长，要 164.8 年才能绕太阳一圈，自转周期约为 18 小时。

海王星的发现显示了天文理论的威力。天文学家发现天王星之后，根据万有引力定律计算天王星运行轨迹时，发现计算结果和实际观测总不相符。当时人们猜想，可能在天王星轨道外面有一颗影响天王星运动的行星。那么这颗行星在哪里呢？英国的大学生亚当

拓展思考

天文台

天文台是专门进行天象观测和天文学研究的机构，世界各国天文台大多设在山上。每个天文台都拥有一些观测天象的仪器设备，主要是天文望远镜。

斯（1819～1892 年）和法国天文学家勒威耶（1811～1877 年）通过复杂的计算，分别于 1845 年和 1846 年得到了基本一致的结果，给出了这颗未知行星的轨道、质量和当时的大概位置。亚当斯写信给英国格林威治天文台台长，请求他们用望远镜寻找这颗行星，但是没人理会。而勒威耶请求德国柏林天文台的天文学家伽勒观测，得到热情的支持。天文学家伽勒在理论计算指出的位置附近很快地就找到了这颗亮度为 8 等星的新行星。有人提议，用勒威耶作为这颗行星的名字，以纪念他发现这颗行星的功劳。但是多数天文学家主张用希腊、罗马神话故事中神的名字命名。这颗行星的颜色呈淡蓝色，和大海的颜色相似，因此用罗马神话中海神涅普顿的名字命名，中文就称之为海王星。目前，天文

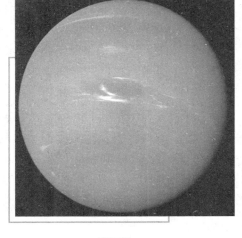

海王星

学家公认由亚当斯和勒威耶共享发现海王星的荣誉。

海王星离我们较远，虽然进行了 100 多年的观测，但所掌握的情况还是远远不如那些比它近的行星。1989 年 8 月，宇宙飞船"旅行者 2 号"飞近海王星所进行的探测，丰富了我们对海王星的认识。海王星的周围也有厚厚的云层，大气中氢和甲烷是主要成分。海王星的表面被一层厚厚的冰所包围，核心则是岩石。太阳光不能给它以温暖，它所接收到的

拓展阅读

演　化

　　演化又称进化，指生物在不同世代之间具有差异的现象，以及解释这些现象的各种理论。演化的主要机制是生物的可遗传变异以及生物对环境的适应和物种间的竞争。自然选择的过程，会使物种的特征被保留或是淘汰，甚至使新物种诞生或原有物种灭绝。

太阳能量只有地球所得到的 $\frac{1}{900}$，表面温度为 $-227℃$。海王星如此之冷，但大气中却有非常活跃的现象，风速可达325米/秒，比地球上的最大风速还要大得多。

　　海王星有8个卫星。空间探测之前已经知道有2个，"旅行者2号"又发现了6个。最引人注目的卫星是海卫一，它比冥王星还大。它在离海王星35.4万千米的圆形轨道上反向绕海王星转。太阳系中有些离其母行星较远的小卫星中有逆着行星自转方向旋转的，而像海卫一这么大的卫星也逆向旋转是独一无二的。它绕海王星转的周期约为5天。海卫二则不同，它的体积较小，在离海王星较远的551万千米的椭圆形轨道上顺向绕海王星运行，周期约为1年。这两颗卫星距离海王星远近、轨道形状、运行方向和周期等各个方面都非常不同。因此，它们的来源可能就不一样。人们猜想，海卫一可能是海王星从绕太阳运行的小行星中俘获得来的。

　　海王星也有环带。但是，从20世纪50年代由英国天文学家拉塞尔提出观测到海王星的环带以来，几经周折，一直没有定论。直到1989年8月，"旅行者2号"飞到海王星附近，才证实海王星确实有环带，而且有5条。"旅行者2号"的这一探测结果，对太阳系演化的研究是很重要的，因为木星、土星、天王星和海王星都有环带这一事实表明，它们的形成与演化有着共同的特点。

被降级的 "行星" ——冥王星

　　冥王星的发现几经磨难。人们在发现海王星以后，效仿这一发现的思路，设想在海王星之外还有一颗行星存在，它会影响海王星的运动。美国天文学家洛韦尔于1905年完成了计算，预测了这颗新行星的轨道、质量和亮度。他本人和其他天文学家多年搜寻，但没有结果。他逝世后，他创建的天文台继续努力。1930年，终于由汤博从几十万个星象户中找到了这颗行星。天文学家不承认这是计算预测的那颗行星。因为计算得到的轨道、质量和亮度值和后来发现的冥王星的实际值相差太远。这颗行星也是以希腊神话中的地狱之王普路托的名字来命名，中文就称之为冥王星。

冥王星是目前已知的太阳系中最边缘的一颗星，是太阳系边疆的一名"哨兵"。它以 4.74 千米/秒的速度，缓慢但仔细地"巡查"着太阳系的边疆。它"巡查"一遍，需要 247.69 年。冥王星自转轴和公转轴的交角为 60°，有点像半躺在躺椅上绕太阳运行。冥王星直径大约是 2 900 千米，公转周期为 248.5 年，自转周期约为 6 日 4 小时。冥王星离太阳最远，接收到的太阳辐射

冥王星

最少，是太阳系中最冷的行星。它的大气层很稀薄。其大气的化学成分和天王星、海王星相似。只是由于温度更低，除了氢、氦可以是气态外，其余都变成了液态和固态。

2006 年 8 月 24 日，国际天文学会投案，通过新的行星定义，不再将传统九大行星之一的冥王星视为行星，而将其列入"矮行星"。

基本小知识

传　统

传统是人们用来界定人类发展经验历程的一个定性词语，它的相对面是现代，即传统是一个相对的概念。传统在人们的使用当中，用得特别广泛，渗透到人类活动的每一领域，传统可以冠戴于人类过去经验所表达的每一角落。

之所以将冥王星从太阳系行星队伍中踢出去，是因为冥王星不够"行星"的入选资格。"行星"指的是围绕太阳运转，自身引力足以克服其固体应力而使天体呈圆球状运行，并且能够清除其轨道附近其他物体的天体。这些天体包括水星、金星、地球、火星、木星、土星、天王星和海王星，它们都是在 1990 年以前被发现的。

而同样具有足够质量，呈圆球形运行，但不能清除其轨道附近其他物体

冥王星及其卫星

的天体叫"矮行星"，冥王星就是一颗这样的"矮行星"。

目前，人类对冥王星的了解不多，至今也还没有宇宙飞船飞到冥王星附近去做实地考察，"旅行者 2 号"告别海王星以后，早已朝着太阳系以外的方向飞去了。什么时候能对冥王星进行近距离的空间探测，我们现在还不得而知，但相信这一天终究是会到来的。

彗　星

　　彗星，中文俗称"扫把星"，是太阳系中的小天体，由冰冻物质和尘埃组成。当它靠近太阳时即为可见。太阳的热使彗星物质蒸发，在冰核周围形成朦胧的彗发和一条由稀薄物质流构成的彗尾。由于太阳风的压力，彗尾总是指向背离太阳的方向。

　　彗星没有固定的体积，它在远离太阳时，体积很小；接近太阳时，彗发变得越来越大，彗尾变长，体积变得十分巨大。彗尾最长竟可达 2 亿多千米。彗星的质量非常小。

⯈ 彗星的外貌

首先，彗星的外貌很特殊。它的外貌和亮度都随着它距离太阳的远近而在不断地变化。彗星本身不发光，当它们离太阳较远时，比较暗弱，用肉眼一般都看不见。当它们运动到太阳附近时，在太阳光的照射下，亮度加强，这时我们才能看见它。平常我们见到的彗星都是拖着长长的尾巴，看起来像一把倒挂的扫帚，因此，我国民间把彗星称为"妖星""扫帚星"。由于彗星的形状奇特，又不常见，因此在以前科学不发达的时候，不论是中国还是外国，都有很多人把彗星的出现看成是战争、灾荒、瘟疫等的预兆。我国古代对彗星不仅有文字方面的记载，还有彗星图像方面的记载。1973 年出土的长沙马王堆三号汉墓中，有一幅帛画中就画了 20 多种彗星的图像，对彗星和彗尾的形状和特征描绘得相当真实。在《晋书·天文志》中，对彗星发光的本质、彗尾的指向与太阳之间的关系等，都说得清清楚楚。古代的欧洲人曾经认为，彗星不是天上的天体，只是地球大气中的一种现象。公元前 4 世纪，著名的古希腊科学家亚里士多德就持这种看法。长期以来，欧洲人受这个观点的影响，一直把彗星归入气象的范围，直到 16 世纪后半叶，才由丹麦的著名天文学家第谷（1546～1601 年）把这一错误的观点彻底推翻。他明确地提出，彗星是一种天体。

知识小链接

天 体

天体是指宇宙空间的物质形体。天体的集聚，从而形成了各种天文状态的研究对象。天体，是对宇宙空间物质的真实存在而言的，也是各种星体和星际物质的通称。

太阳系里的彗星很多。据天文学家估计，太阳系内的彗星多得要以亿来计数，目前已经观测到的有将近 2 000 颗。然而，我们平常所看见的彗星却很少，用天文望远镜一年也只能看见 10 多颗，肉眼则需要两三年才能看见一颗。像哈雷彗星这么明亮的彗星就更罕见了。

当彗星离太阳比较近的时候，看起来只是一个发光的云雾状斑点，中间比较密集而明亮的圆球叫"彗核"，包围彗核的云雾状物质叫"彗发"。彗核的直径很小，最大的也不过几百千米，最小的只有几百米。然而彗核却集中了彗星的大部分质量。一般大彗星的质量约几千亿吨，只有地球的几十万分之一，小彗星的质量只有几十亿吨。彗发是在太阳的辐射作用下，由彗核中蒸发出来的气体和尘埃组成的。彗发的直径比彗核大得多，一般有几万千米，有的甚至比太阳还大。但是彗发的质量却很小，彗发的物质密度比地球大气的密度还小。彗核和彗发合起来叫"彗头"。有些彗星的彗头外还包围着一层氢原子构成的云，叫氢云或彗云。因此，彗头是由彗核、彗发和彗云三部分组成的。

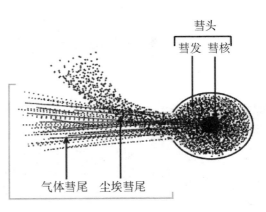

彗星的结构

随着与太阳距离的不断接近，彗星的亮度不断增加，由气体和尘埃组成的彗发在太阳风和太阳辐射压力作用下，不断涨大，并且向背着太阳的方向逐渐伸长，形成彗尾。彗尾也是变化多端的。当彗星朝着太阳越走越近时，彗尾显著地变长变大；当彗星离开太阳越走越远时，彗尾也越来越小。彗尾的形状多种多样，而且一个彗星往往具有 2 条以上的彗尾：①一条彗尾是由多种离子气体组成的，叫"离子彗尾"或"气体彗尾"。这一类彗尾比较细长也比较直，呈蓝色。②一条彗尾是由细尘组成，叫"尘埃彗尾"。这一类彗尾比较弯曲，呈黄色。彗尾的体积很大，大彗尾长达上亿千米，宽度从几千千米到 2 000 多万千米。彗尾的质量却特别小，它的密度只有地球上大气密度的十亿亿分之一。它和彗发的质量一起只占彗星质量的1% ~5%。

彗星是一类结构十分复杂的天体，同一颗彗星在绕太阳公转的不同时期呈现出不同的形态，不同的彗星彼此之间的差别更大。并不是所有的彗星都有彗尾，有些彗星自始至终保持云雾状斑点的外形。甚至还有一些彗星连彗发也没有，彗尾直接从彗核向外延伸。

彗星绕太阳运行的轨道和时间

拓展思考

双曲线

　　双曲线是指与平面上两个定点的距离之差的绝对值为定值的点的轨迹，也可以定义为到定点与定直线的距离之比是一个大于1的常数的点之轨迹。

　　彗星的外貌特殊，它们绕太阳运动的轨道也很特殊。八大行星围绕太阳运动的轨道偏心率都很小，它们的轨道都是一些近似于圆形的椭圆。而彗星的轨道就比较复杂了。众多彗星的轨道各不相同，轨道的形状有椭圆、抛物线和双曲线，而且即使是椭圆也都是一些偏心率很大，被拉得又扁又长的椭圆。太阳则位于这些圆锥曲线的一个焦点上。大多数彗星的远日点都在八大行星轨道范围之外，甚至到了星际空间。

　　彗星绕太阳运动的轨道各不相同，它们绕太阳运动一周的时间也不相同。短的只要几年，长的竟达几万年。由于大多数彗星只有当它们运动到近日点附近时才能被观测到，所以确定彗星的轨道是比较困难的事情。根据彗星的轨道特性，可把它们分为短周期彗星和长周期彗星两类，此外还有一些一去不复返的彗星。周期不到 200 年的彗星叫短周期彗星，周期长于 200 年的彗星叫长周期彗星。最著名的哈雷彗星的周期是 76 年，周期最短的恩克彗星的周期只有 3 年 106 天。

彗星的物质成分和寿命

　　彗星是由什么物质组成的呢？根据目前的观测还不能够完全弄清楚。从彗星的光谱分析知道，彗星主要由水、氨、甲烷、氰、氮、二氧化碳等组成。射电观测告诉我们，彗星中还有甲基氨的分子，这是太阳系早期的遗留物。

彗星的寿命有长有短，平均只有几千个自转周期。彗星每次经过太阳附近时，都被太阳辐射蒸发出一些物质形成彗尾。当彗星远离太阳时，彗尾就逐渐消失了，但其中的尘埃物质并没有缩回彗核，而是遗留在彗星的轨道上成为流星群。当地球穿过彗星轨道面时，这些由碎块和尘埃组成的流星群被地球的引力所吸引而穿越地球大气，就会形成流星雨现象。比如，在著名的哈雷彗星和恩克彗星的轨道上都有与它们有

趣味点击　　流星雨

流星雨是在夜空中有许多的流星从天空中一个所谓的辐射点发射出来的天文现象。这些流星是宇宙中被称为流星体的碎片，在平行的轨道上运行时以极高速度投射进入地球大气层的流束。大部分的流星体都比沙砾还要小，因此几乎所有的流星体都会在大气层内被销毁，不会击中地球的表面；能够撞击到地球表面的碎片称为陨石。

关的流星群。彗星回归次数越多，在轨道上遗留的物质也越多。这样一来，彗星的质量越来越少，到最后物质蒸发完了，彗星也就毁灭了。也有些彗星受太阳的起潮力（引力）的作用，分裂瓦解，其碎块散布在运行的轨道上。这样，我们再看到与它相关的流星雨现象时，就将是十分壮观的了。仙女座流星雨就是这种情况。仙女座流星群位于比拉彗星的轨道上，历史上早就有过多次对仙女座流星雨的记载。比拉彗星于1852年最后一次出现之后就失踪了，而此后仙女座流星雨就变得极为壮观。比拉彗星已经"粉身碎骨"，化为仙女座流星群。当然，也并不是所有的流星群都与彗星有关。太阳系空间中还存在一些单个的流星体，当它们闯入地球大气层后，同样也会发生流星现象。

▶ 哈雷彗星

哈雷彗星是英国天文学家哈雷（1656～1742年）于1682年观测到的一颗彗星。他的功劳在于，在他研究了1337～1698年的24颗彗星以后，确认曾于1531年和1607年出现过的以及他自己在1682年所看到的这3颗彗星是同一

颗彗星。这颗彗星每 75～76 年回归一次。他预言这颗彗星将于 1758 年底或 1759 年初再次回归。1758 年底，这颗彗星果然如期出现了。天文学家为了纪念他在研究彗星方面的贡献，把这颗彗星命名为哈雷彗星。

拓展阅读

望远镜

望远镜是一种利用凹透镜和凸透镜观测遥远物体的光学仪器。利用通过透镜的光线折射或光线被凹镜反射使之进入小孔并会聚成像，再经过一个放大目镜而被看到。

哈雷彗星在 20 世纪有过 2 次回归，即 1910 年和 1986 年。1910 年那次回归十分壮观，亮度达到 1 等星的亮度，彗尾视角达 140°，横跨大半个天空，和银河争相辉映，令人惊叹。1986 年的回归，情况远不如 1910 年那次壮观。这次回归，哈雷彗星并不十分接近地球，彗尾不能扫过地球，而且在它最亮的时候，却处在太阳的背面，被淹没在太阳的光辉之中，观测条件不好。但是，76 年一遇的机会天文学家是不会放过的，何况 1986 年时地面和空间天文的观测条件已经大大改善了。各国天文学家组成哈雷彗星联合观测网，地面上的大型望远镜威力巨大，拍到了很好的照片。6 艘宇宙飞船在不同区域、不同时间靠近哈雷彗星，用不同的观测仪器，对哈雷彗星进行细致的观测。这 6 艘飞船中以欧洲空间局的"乔托号"与哈雷彗星核最接近，所获得的资料最丰富。从考察中发现，哈雷彗星核的

哈雷彗星

外形像花生，长约 16 千米，宽 8 千米，厚 7.5 千米。质量为 500～1 300 吨。估计它的原始质量为 10 万亿吨，而每次回归损失质量 20 亿吨左右，所以估计它的寿命不过几十万年时间。彗核由大小不同的冰块堆积而成，还含有一些一氧化碳、二氧化碳、碳氢化合物等。由此可见，有些天文学家把彗核形容成"脏雪球"是很恰当的。

小行星

　　小行星是沿椭圆轨道绕日运行不易挥发出气体和尘埃的小天体。

　　小行星是太阳系内类似行星，环绕太阳运动，但体积和质量比行星小得多的天体。太阳系中大部分小行星的运行轨道在火星和木星之间，那片地带叫小行星带。另外在海王星以外也分布有小行星，那片地带叫柯伊伯带。

小行星的概况

第一个小行星——谷神星，于1801年元旦夜里被发现。用目前世界最大的望远镜可以看到的小行星约有100万颗，天文学家已经正式编名的约有3 500颗，目前数目还在不断增加。

小行星的轨道半长径 a，最大的是5.71天文单位，最小的是1.46天文单位。我们知道，火星的轨道半长径是1.52天文单位，木星的是5.20天文单位，所以99.8%的小行星的轨道位于火星轨道和木星轨道之间。在小行星中，95%以上的 a 值在2.2~3.7天文单位，平均值为2.7天文单位。在 a 等于2.50、2.82、2.96和3.28天文单位，也就是公转周期等于4.0、4.8、5.1和5.9年处，小行星特别少，形成了几个类似土星光环环缝那样的空隙。

小行星公转轨道的偏心率平均为0.14，比行星的平均值大得多。它们大部分是0~0.25，也有大到0.83的。小行星轨道面对黄道面的倾角平均为9.5°，也比行星的要大，甚至有大到52°的。小行星中半径最大的是谷神星，达477.5千米。半径大于100千米的小行星只有100个，大于40千米的也只有150个。小的小行星大多不是球状的，形状很不规则。这可以从几十个小行星的亮度变化看出来。小行星亮度变化的主要原因，是形状不规则的小行星自转时向着地球的截面形状和大小的改变，其次是表面各部分反光本领不一样，自转时反光本领不同的各部分表面轮流向着地球。小行星亮度变化的周期就是它的自转周期。

知识小链接

谷神星

谷神星是太阳系中最小的、也是唯一一颗位于小行星带的矮行星。由意大利天文学家皮亚齐发现，并于1801年1月1日公布。谷神星的直径约950千米，是小行星带之中已知最大最重的天体，约占小行星带总质量的三分之一。

小行星的质量一般是假设一个密度值，由半径计算出来的，密度常取为

3.5 克/厘米^3。近年来已开始观测最大几个小行星之间的引力作用所引起的轨道变化来推算质量，这样得到的谷神星的质量是 1.19×10^{24} 克，推算出它的平均密度是 1.6 克/厘米^3。四号小行星灶神星的质量是 2.4×10^{23} 克，半径 285 千米，平均密度 2.5 克/厘米^3。有人估计，小行星的总质量为地球质量的 $\frac{1}{1\,000}$，即约为谷神星质量的 5 倍。

基本小知识

质 量

　　质量是物体的一种性质，通常指该物体所含物的量，是度量物体惯性大小的物体量。也指产品或工作的优劣程度（一组固有特性满足要求的程度）。

　　a 值相差很小的小行星一起组成小行星群，已发现了 40 个以上的小行星群，各群成员的数目为 4～73 个。有些群的部分成员不仅 a 值彼此接近，其他一些轨道根数，如偏心率、对黄道面的倾角等，也很接近。

　　小行星的体积和质量相差很多，密度的差别也很大。这和这些小行星的物质组成有关。目前已经知道小行星有 3 类：石质的、碳质的和金属含量较高的。

　　小行星虽然很小，但也有卫星。1978 年发现了第 532 号小行星"大力神"的卫星，小行星及其卫星的直径分别为 243 千米和 45.6 千米。目前已发现 10 多颗小行星有卫星。

　　为什么在火星和木星轨道之间会形成一个小行星带？这仍然是一个很难解答的问题。猜想还是不少的。一种说法是由大行星爆炸后的碎片形成了小行星；一种说法是在火星和木星轨道之间的物质在有可能形成大行星以前，被木星"夺"去了绝大部分，所剩无几，形不成大行星，只能成为小行星，围绕太阳流浪。

▶ 小行星的命名

　　由于我们的肉眼看不到小行星，所以所有的小行星都是在有了望远镜以后才被发现的。第一颗小行星是在 1801 年由意大利天文学家皮亚奇发现的。他为了取悦于国王，提出把这颗小行星命名为弗迪南三世，但是遭到了其他天文学家一致的反对。经过一番争论，大家都同意遵照给大行星命名的惯例，用希腊、罗马神话中神的名字给小行星命名。这颗小行星叫作赛丽斯，中文译为谷神星。赛丽斯既是罗马神话中的收获女神，又是西西里岛的农业保护神。这就开创了用神的名字命名小行星的先例。

随着观测手段的不断提高，天文学家发现的小行星越来越多，神的名字已"供不应求"，因此天文学家除了用神的名字外，也用国家与城市的名字来为小行星命名。为了纪念和表彰那些为人类科学事业作出贡献的科学家，也用科学家的名字命名小行星。像牛顿、爱因斯坦、伽利略、开普勒等著名的科学家的名字都可在小行星的花名册上找到。这

拓展思考

供不应求

当供不应求时，商品短缺，购买者争相购买，销售者趁机提价，买方不得不接受较高的价格以满足自身的需要，于是出现"物以稀为贵"的现象，这就是所谓的卖方市场。

当中，有中国古代的 5 位科学家：张衡、祖冲之、一行、郭守敬和沈括。还有中国现代的 4 位天文学家：张钰哲、蔡章献、王绶琯、叶叔华。张钰哲小行星的编号是 2051，是由美国哈佛天文台于 1976 年 10 月 23 日发现的。张钰哲是我国小行星研究的开创者，他于 1928 年在美国发现 1125 号小行星，并用"中华"这个名字命名。国际小行星组织为表彰张钰哲的贡献，将 2051 号小行星命名为张钰哲星。蔡章献小行星的编号是 2240，他曾任台北天文台台长，在行星和变星方面有突出成就。王绶琯小行星和叶叔华小行星都是我国紫金山天文台发现的，编号分别是 3171 和 3241。

我国天文学家所发现的小行星已经很多，超过了 300 颗，其中的一些小行星相继采用中国的地名、人名来命名。

📷 几类特殊的小行星

大多数小行星分布在火星和木星轨道之间、距离太阳 2.1~3.3 天文单位的小行星带内，但小行星中也有一些"调皮鬼"，它们不"安分守己"，跑到主环带以外游来逛去。这样的小行星被分为几类：脱罗央小行星群、阿莫尔型小行星、阿波罗型小行星、阿登型小行星等。

◎ 脱罗央小行星群

著名的脱罗央小行星群，与太阳的平均距离以及围绕太阳公转的周期都与木星很相近，它们分为两组，各在木星前后 60° 的地方，与太阳和木星形成了两个几乎是等边的三角形的形式。早在脱罗央小行星群发现之前，1772 年法国数学家、力学家拉格朗日（1736~1813 年）就从理论上讨论了三体运动的规律。他证明，如果三个天体恰好位于等边三角形的三个顶角上，其中的一个质量相比起来很小，那么这三个天体就会保持相对稳定的位置。后来，脱罗央小行星群的发现，证实了拉格朗日的理论。

1949 年 6 月，由美国帕洛马山天文台发现的"依卡鲁斯"小行星，是一颗轨道极为特殊的小行星。它的轨道半径与地球轨道相当，而轨道偏心率极大，致使近日点竟然深深进入水星轨道以内，距太阳仅仅只有 0.18 个天文单位。人们认为，当它接近太阳的时候，它的温度可能会达到 500℃。

◎ 阿莫尔型小行星

阿莫尔型小行星的公转轨道在火星公转轨道之内，但比地球的公转轨道大，它们有时能进入地球轨道外侧的近旁，很少进入地球轨道之内。据估计，太阳系内的阿莫尔型小行星共有上千颗，

你知道吗

阿波罗小行星

已发现有些小行星轨道位于地球轨道以内，进入太阳系中心部分，所以叫阿波罗（"太阳神"之意）小行星群。这种小行星估计有 100 颗以上，它们都是直径 0.5 千米左右的小行星。阿波罗小行星群的半寿期只有太阳系年龄的 1%（5 000 万~6 000 万年）。

现已发现了 90 多颗。

◎ 阿波罗型小行星

阿波罗型小行星的公转轨道也比地球的大，但它们有时能深入到地球轨道之内甚至深入到水星公转轨道之内，原因是它们的椭圆形轨道很扁，即轨道偏心率很高。天文学家估计太阳系内的阿波罗型小行星的总数也有 1 000 多

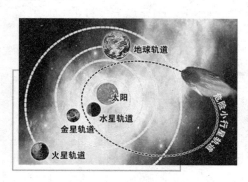

阿波罗型近地小行星轨道示意图

颗，可能比阿莫尔型小行星的数目还要多。目前已发现近 100 颗。由于阿波罗型小行星的轨道面与地球轨道面相交，所以也称它们为掠地小行星。

◎ 阿登型小行星

阿登型小行星的轨道与地球轨道非常相似，它们的公转周期与地球的一年很相近。估计这类小行星比阿莫尔型和阿波罗型小行星都少得多，总数也就 100 多颗，现已发现 10 多颗。

阿莫尔型、阿波罗型和阿登型三类小行星的轨道都与地球轨道接近，它们都有和地球近距相遇的机会，因此它们又都被称作近地小行星。近地小行星会不会撞击地球呢？19 世纪内已有许多次近地小行星与地球近距离相遇的记载，距离最近的一次是 1991BA 小行星从地球近旁飞驰而过的时候，距离地球只有 17 万千米，还不到月地距离的 $\frac{1}{2}$。

流星和陨星

　　流星是指运行在星际空间的流星体（通常包括宇宙尘粒和固体块等空间物质）在接近地球时由于受到地球引力的摄动而被地球吸引，从而进入地球大气层，并与大气摩擦燃烧所产生的光迹。流星体原是围绕太阳运动时，在经过地球附近时，受地球引力的作用，改变轨道，从而进入地球大气层。流星有单个流星、火流星、流星雨几种。大部分可见的流星体都和沙粒差不多，重量在 1 克以下。

　　陨星，即自空间降落于地球表面的大流星体。大约 92.8% 的陨星的主要成分是二氧化硅（也就是普通岩石），5.7% 是铁和镍，其他的陨石是这三种物质的混合物。含石量大的陨星叫陨石，含铁量大的陨星叫陨铁。

流星的种类

流　星

说起流星，大概许多人都看到过。晴朗的夜晚，天空中突然发出一道亮光，小的一闪即逝，大的会在天空中飞过很长一段路程。这就是流星现象。银河系中有许许多多直径从 10 微米到几十厘米，甚至几米的尘粒和固体物质，它们统称为流星体。流星体也像太阳八大行星一样，沿椭圆轨道围绕太阳运动。有些流星体的轨道与地球的轨道比较接近，当它们经过地球附近时，由于受到地球的引力作用，改变了原来的运行轨道，闯入地球的大气层。由于双方的运动速度都很大，流星体便因为和空气发生激烈的摩擦而燃烧、发光，这就是我们看到的流星现象。这种流星现象，是由于流星体和地球在太空中偶然相遇所产生的，天文学家也称它们为"偶发流星"。流星的亮度与流星体的质量有关，一般流星体都比较小，和沙粒差不多。也有较大的流星体，它们形成的流星又大又亮，而且可以听到它们在空气中燃烧时所发出的轰隆的声音，这种流星现象被称为火流星。火流星也属于偶发流星。偶发流星出现的时间和方向都是没有任何规律的。

除了偶发流星之外，还有一种更壮观、更漂亮的流星现象，即流星雨。顾名思义，流星雨即天空中的流星在一段时间内多得像下雨一样。流星雨是由于流星群进入地球大气层而产生的。流星群不同于一般的流星体，它们是许许多多流星体成群结队，沿着同一条轨道，顺着同一个方向围绕着太阳运行。当流星群和地球相遇时，就会有许多流星体同时或陆陆续续"闯入"地球的大气层。这时，我们就能够欣赏到壮丽的流星雨现象了。流星雨出现时，我们会看到，所有的流星好像都是从天空中的某一点散发出来的，天文学家称这个点为流星雨的"辐射点"。实际上，这些流星在天空中所走过的路线都是平行的，把它们看成出自一个点是我们的一种错觉，这就如同我们看到火车的两条铁轨在很远的地方就好像会聚在一点是同样的道理。

知识小链接

辐 射 点

　　流星雨中的所有流星仿佛是从天空同一处散开的，这点就叫辐射点。狮子座流星雨的辐射点位于狮子座。辐射点是一种透视效果。流星从一个观测者的前后左右扫过天空，然而它们的反向延长线交汇一处，即辐射点。

　　流星雨的出现不同于偶发流星，它们总是在每年的某些固定不变的日子里出现。这又是什么原因呢？天文学家发现，许多流星群都与彗星有着密切关系。彗星在围绕太阳运行的过程中，每次经过近日点附近时，都会向外抛出大量物质，有的甚至会完全碎裂，这些被抛出的物质和碎裂瓦解后的碎渣，就成为流星群，它们分布在彗星的整个轨道上，形成一个个椭圆形的环。由于彗星的轨道各不相同，所以这些流星群的椭圆形轨道也各不相同。这些各不相同的流星群轨道和地球轨道分别相交于一点。这样地球每年就会在不同的日期与不同的流星群相遇。如果流星群在其轨道上的分布是均匀的，那么地球上每年所看到的这个流星雨的规模也应该是大致相同的。如果流星群在其轨道上的分布并不均匀，而是在某一小范围内密集，那么地球上每年所看到的这个流星雨则会有周期性的变化，当地球与流星群的密集部分相遇时，这一年的流星雨就会格外强烈。

▶ 著名的流星雨

　　天文学家目前所发现的流星群共有 1 000 个以上，每年可以看到的流星雨共约四五十次。这么多的流星群和流星雨，怎么区分它们呢？天文学家规定，以流星雨辐射点所在的星座名称来给它们命名，如天琴座流星群（雨）、狮子座流星群（雨）等。如果同一星座中有 2 个或 2 个以上流星雨的辐射点，那么就再在星座名称后面加上辐射点最靠近的恒星的名字来区分它们，例如御夫座 α 流星群、御夫座 δ 流星群等。我们每年能够看到的流星雨次数不少，每次流星的亮度以及在单位时间内所出现的流星数目都是各不相同的。当然，流星的亮度越强，单位时间内出现的流星数目越多的流星雨看起来就越壮观。

下面我们介绍三个著名的流星雨。

英仙座流星雨

◎ 英仙座流星雨

英仙座流星雨，于每年 7 月 25 日至 8 月 25 日出现，8 月 12 日前后达到极盛。极盛时每小时出现的流星数大约有 90 颗。这一群流星的特点是明亮而路径长，速度比较快。流星雨辐射点在英仙座 γ 星附近。与这个流星群有关的彗星是 1826 Ⅲ。历史上对这个流星群早有记载。公元 9 ～ 10 世纪时，这个流星群曾经有过一段非常辉煌的时间，如公元 830 年 7 月 22 日，从黄昏时分一直到五更，大大小小的流星多得简直无法统计。

◎ 天龙座流星雨

拱极星座中的天龙座流星雨，于每年 10 月 7 ～ 10 日出现，9 日达到极盛。这是 20 世纪 30 年代出现的最壮观的流星雨，与之相关的彗星是贾科比尼—津纳彗星（1933 Ⅲ）。1933 年 10 月 9 日，欧洲许多国家都饱览了这次流星雨的盛况，据载当时每分钟的流星数达到 1 000 个以上，共持续了 3 小时。天龙座流星雨具有周期性，每隔六七年可能会有一次高潮出现。

你知道吗

拱极星座

拱极星座是指天极附近的星座。这些星座在视觉上都像是绕着天极运行，在高纬度区，这些星座都不没入（或都不升出）地平面。

以北半球为例，假设观察者纬度是 φ，那么赤纬大于 90°－φ 天区永不没入地平线下（在恒显圈内），该纬度的观察者一年四季都可看见那些星座随地球自转而围绕北天极（北极星）作周日视运动。

◎ 狮子座流星雨

黄道十二星座中狮子座流星雨，于每年 11 月 17 ～ 18 日达到极盛。它是非常著名的周期性流星雨，周期为 33 年。国际流星观测组织从 1996 年开始对它进行联测。它的特点是颜色淡红，速度很快，流星后面还时常拖着一条绿色的尾巴。与狮子座流星雨有关的彗星是 1866 I。有关这个流星雨的最早记载是公元 902 年 10 月 12 日。1833 年它达到过史无前例的壮观程度，流星雨如大雪纷飞持续了 7 小时之久。据目睹这一

狮子座流星雨

盛况的一位美国天文学家估计，这次的流星总数达 24 万颗之多。可惜由于受到太阳系一些大行星的引力作用，这个流星群的主要部分目前已远离地球，流星雨的出现不会达到以前那种壮观程度了。

📷 陨星分类

我国历代史书和地方志中，有关陨星降落的记载有好几百次，是全世界各国中最多的。《春秋》里说："鲁僖公十六年春正月戊申朔，陨石于宋五。"这是公元前 644 年 12 月 17 日发生的一次陨星降落。全世界有可靠记录或者虽未有人看到但找到了实物的陨星降落共 1 600 多次。世界上发现的第三大的陨星落在我国新疆青河县，体积为 3.5 立方米，重量约 30 吨（最大的一个陨星降落在非洲，约 60 吨重）。化验结果，这块陨星的化学成分是含 88.67% 铁，9.27% 镍以及少量钴、磷、硅、硫、铜等化学元素。这块陨星还包含有 8 种矿物，其中 6 种是地球上没有的。

陨星一般分为 3 类：①铁陨星，也称陨铁。一般含铁 80% 以上，镍 5% 以上，此外还有少量钴、铜、磷、硫、硅等；密度 7.5～8.0 克/厘米^3。这类陨星占看见落下并找到的全部陨星的 6%，新疆大陨星就是一个铁陨星。②石陨星，也称为陨石。主要是由氧化硅、氧化镁、氧化铁等组成的矿石，也包含少量的铁、镍等；密度 2.2～3.8 克/厘米^3。这类陨星占看见落下并找到的全部陨星的 92%。大部分（约 86%）陨石是由一种地球上没有的粒状体组成，

称为球粒陨石。粒状体是在高温下形成的球状或扁球状的结晶粒，直径多在 0.3~1 毫米，包含硅酸盐和其他矿物，也有一点点铁、镍等。少数的球粒陨石含碳较多，达 2.4%（一般不超过 0.4%），称为碳质球粒陨石。不是由粒状体组成的陨石称为非球粒陨石。③石铁陨星，也称陨铁石。铁镍和硅酸盐等矿物各约占 $\frac{1}{2}$，密度5.5~6.0 克/厘米^3。这类陨星占全部看见落下并找到的陨星的 2% 左右。

现存世界上最大石陨石

科学家在一些陨星中找到了水；在一些陨星中找到了钻石；在一些碳质球粒陨石中找到了多种有机物，包括甲醛和二三十种氨基酸。

成群降落的陨星，叫陨星雨。20 世纪最大的一次铁陨星雨降落在西伯利亚，发生于 1947 年。历史上最大的陨石雨于 1976 年 3 月降落于我国吉林市郊区。

陨石着陆时撞击地面形成的坑穴，叫陨石坑。目前世界上已发现七八十个大型陨石坑。最著名的是美国亚利桑那州的巴林杰陨石坑，直径 1 240 多米，深 170 多米，坑的四周比附近高出 40 米左右，酷似月球表面的环形山。20 世纪初，人们还不知道这个巨大的坑穴在什么时候又是怎样造成的，只知道从当地的印第安人有文字记载以来，它就已经存在

巴林杰陨石坑

了。美国的采矿工程师丹尼尔·巴林杰经过认真的考察和分析以后，断定它是由大陨铁碰撞而成。于是他倾其全部财产买下这块土地，并且为了将这块大陨铁挖掘起来，耗费了自己毕生的精力。巴林杰死后，他的三个儿子继承父志，继续向大陨石坑挑战，但是终因陨铁太大，他们父子壮志未酬。然而，

人们从此对这个坑有了正确的认识。为了表彰巴林杰的功绩，美国陨石学会正式把这个陨石坑命名为"巴林杰陨石坑"。目前，科学家们认为巴林杰陨石坑是大约 2 万年以前，由一个直径约 60 多米、重 10 万多吨的大陨铁撞击而形成的。

◉▶ 对陨星母体的研究

平均每天有多少陨星落到地球上？各人的估计相差很多。每天降落在地球上的较大陨星的总质量估计平均约 10 吨，但还有多得多（估计约 100 倍）的很小的叫微流星体或微陨星的流星体，落入地球的大气里，成为大气的一部分。微陨星的直径小于 1 毫米，有小到几个微米（1 微米是 1 米的百万分之一）的。

通过陨星内放射性物质及其蜕变产物相对含量的测定可以推算出陨星的年龄。从陨星的分类以及陨星的各种物理特征、化学特征可以认为，陨星是某一种或几种天体瓦解的产物，这些天体是陨星的母体。陨星母体可能是小行星、行星、大的卫星、彗核或者行星形成前就存在着的很大的固体块（星子）。很多陨星里含有铀和铅。铀是放射性元素，铀同位素 ^{238}U 放出 8 个 α 粒子（即氦

拓展思考

微陨石

大部分流星体在进入大气层后都气化殆尽，只有少数大而结构坚实的流星体才能因燃烧未尽而有剩余固体物质降落到地面，这就是陨星。产生流星现象，而是以尘埃的形式飘浮在大气中并最终落到地面上，称为微陨星。

原子核）就蜕变为铅同位素 ^{206}Pb，半衰期（一半的 ^{238}U 变成 ^{206}Pb 所用的时间）是 4.51×10^9 年。铀同位素 ^{235}U 放出 7 个 α 粒子就蜕变为铅同位素 ^{207}Pb，半衰期 0.71×10^9 年。这样，从陨星里铀和铅的各种同位素的相对含量的测定就可以得出陨星母体形成后所经历的时间，结果是 40 亿~46 亿年。利用陨星里其他放射性物质及其蜕变产物的相对含量还可以定出陨星母体开始冷却、凝

固、崩裂和陨星降落的时间。

　　陨星对太阳系演化史的研究，就像甲骨文和从地下挖掘出来的铜鼎等文物对人类社会历史的研究那样可以提供重要的资料。陨石里的粒状体物质是在太阳系形成期间出现的，通过对陨星的分析研究定出了太阳系的形成过程发生在40多亿年前，也定出了陨星物质凝固时周围的温度在420K～500K。

➤ 陨星事件

　　1908年6月30日，俄罗斯西伯利亚中部的通古斯地区发生了一次举世闻名的陨星事件。那天早晨7点左右，通古斯地区上空突然出现一个比太阳还亮的大火球，火球发出震耳欲聋的响声，方圆1 000千米以内都能听得到。人

通古斯大爆炸

们被这奇异的景象惊得目瞪口呆。火球拖着长长的尾巴，风驰电掣般地冲向地面，发出的冲击波摧毁了方圆100千米以内所有房屋的门窗，甚至四五百千米之外的人畜也被击倒在地。火球在一片密林上空猛烈炸裂开来，一个巨大的火柱冲天而起，随即变成黑色的蘑菇云。2 000多平方千米郁郁葱葱的森林变成了一片焦土。这是人类亲眼所见到的一次最大的天外来客袭击地球的事件。科学家们估计，通古斯大爆炸可能是一颗小彗星与地球相撞造成的。

知识小链接

蘑菇云

　　蘑菇云指由于爆炸而产生的强大的爆炸云，形状类似于蘑菇，上头大，下面小，由此而得名。云里面可能有浓烟、火焰和杂物，现代一般特指原子弹或者氢弹等核武器爆炸后形成的云。火山爆发或天体撞击也可能生成天然蘑菇云。

　　恐龙绝灭的事是尽人皆知的。然而，杀害恐龙的元凶是谁呢？长期以来，科学家提出很多种看法。其中之一就是小行星撞击地球所致。阿波罗型小行星的轨道近日点都在地球的轨道以内，因此它们在绕太阳公转时，总会有机会穿越地球轨道，从而有可能和地球相撞。这个看法是诺贝尔物理学奖获得者、美国加利福尼亚大学的阿尔瓦雷斯教授提出的。他说，大约在6 500万年以前，有一颗直径约10千米的小行星突然撞击到地球，刹那间，大地表面被砸出一个巨大的坑穴，无数的砂石和灰尘升上高空弥散开来，将整个地球团团围住。原先阳光明媚的大地一下子就变成了暗无天日的地狱。可怕的景象一直持续了一两年之久。大树小草都因得不到阳光而先后枯死了。恐龙赖以生存的绿色植物全部毁灭了，恐龙也就全部饿死了。

　　1994年夏天所发生的彗星撞击木星的事件轰动全球。人们自然担心彗星、小行星袭击地球，小行星碰撞地球的可能性是存在的。根据科学家的计算，重达几千克的陨星每年会有1 500多个，50多吨的陨星大约平均每30年有一个，50 000吨级的陨星每10万年有一个，而造成恐龙灭绝的、直径10千米、重达1万亿吨的陨星平均1亿年有一个。尽管可能性很小，人们还是要小心提防。首先要研究和监视近地小行

广角镜

空间探测器

　　空间探测器，又称深空探测器或宇宙探测器。对月球和月球以外的天体和空间进行探测的无人航天器，是空间探测的主要工具。空间探测器装载科学探测仪器，由运载火箭送入太空，飞近月球或行星进行近距离观测，对人造卫星进行长期观测，着陆进行实地考察，或采集样品进行研究分析。

星的运动规律，并且要研究一旦出现某一小行星要来撞击地球的险情时，我们所需要采取的化险为夷的有效措施。如发射一个小型宇宙飞船，把威胁地球的小行星轻轻地推上一把，使它改变原来的运行轨道，不致再和地球相碰。这是和人类未来命运紧密相关的一件大事，应该引起各国人民充分的重视。

　　虽然陨星有时会给人类造成不幸，但这毕竟是非常偶然的事件。更重要的是，陨星来自宇宙空间，它们好比是一个个天然的空间探测器，为我们带来很多有关太阳系的演化和生命起源等问题的极有价值的科学资料，帮助人们揭开很多自然界的难解之谜。

探索之路

　　人类的祖先因月亮而着迷，并在历法或文字问世之前使用月亮的阴晴圆缺来计时。但在 1972 年后就没有人再上过月球，而且我们的注意力开始转向太阳系中其他引人入胜的卫星。科学家在木星的卫星木卫二的海底发现了火山热源，所以他们相信这颗卫星上可能有生物的存在，因为地球上的生命也是起源于海底的火山热源。

　　人类长期借助于天文望远镜观测行星圆面的细节，发现了土星环、木星卫星和天王星；运用万有引力定律陆续发现了海王星和冥王星；借助于近代照相技术、分光技术和光变测量技术对行星表面的物理特性和化学组成有了一定的认识。然而人们在地面隔着大气观测行星，已经不能满足对行星的深入研究。行星和行星际探测器为研究行星打开了新的局面。从 20 世纪 50 年代末起，美国、前苏联两国即开始陆续发射行星探测器。

▶ 登月旅行

◎ 人类首次登月

拓展阅读

肯尼迪航天中心

肯尼迪航天中心位于美国东部佛罗里达州东海岸的梅里特岛，成立于1962年7月，是美国国家航空航天局进行载人与不载人航天器测试、准备和实施发射的最重要场所，其名称是为了纪念已故美国总统约翰·肯尼迪。

1969年7月16日（美国东部时间），星期三，一个万里无云的好日子。上午9点半，庞大的"土星5号"运载火箭一声巨响，载着"阿波罗11号"宇宙飞船徐徐升上太空。

3天后的7月19日下午，飞船到达月球上空，航天员柯林斯完成了最后的轨道调整，使飞船在月球上空15千米处绕月飞行。7月20日，另外两名航天员阿姆斯特朗和奥尔德林登上了名叫"鹰"的登月舱。

从飞船出发，随着制动减速火箭，"鹰"沿曲线轨道徐徐下滑，平稳地降落在月面上一个名叫"静海"的平原。经过6个半小时的准备后，身穿航天服的飞船船长阿姆斯特朗打开了飞船舱门，爬出舱口，然后，他慢慢地沿着登月舱着陆架上的扶梯走向月面。

为了使身体能适应只有地球$\frac{1}{6}$的月球重力环境，他在扶梯的每一个台阶上都要稍微停留一下，仅仅9级扶梯竟花费了3分钟。阿姆斯特朗小心翼翼地把左脚踏上月面，然后鼓足勇气将右脚也踏在月面上。

人类终于首次在另一个星球上

"阿波罗11号"宇航员在月面架设科学仪器

留下了自己的脚印。此时，阿姆斯特朗手腕上的欧米茄手表指针正好指向晚上 10 点 56 分。当他向月面迈出第一步时，通过无线电向整个地球上的人类说："对于一个人来说，这只是一小步；但对人类来说，这是巨大的一步。"

19 分钟后，奥尔德林也下到月面上来了。他们两人先是在月面上插上了一面美国国旗，然后留下一块金属纪念碑，上面写道："公元 1969 年 7 月，来自行星地球上的人首次登上月球。我们是全人类的代表，我们为和平而来。"在月面停留的 2 小时 21 分钟里，他们完成了好几项科学试验，比如用铝箔捕捉从太阳射出的稀有气体，设置测量月面震动的月震仪，安放一

"阿波罗 11 号"宇航员在月球留下的脚印

块 0.186 平方米的激光反射镜，用来测量地球与月球的精确距离（现在已知，月球每年以 4 厘米的速度离地球远去），他们还采集了 23 千克的月球岩石和土壤。

7 月 21 日，阿姆斯特朗和奥尔德林完成考察任务后，进入登月舱的上升段，与在月球轨道上停留的柯林斯会合后，平安返回了地球。

人类首次登月的壮举，将永载史册。

◎ "阿波罗"的继续探月

"阿波罗 12 号"载人登月飞行的计划和准备工作，几乎是与"阿波罗 11 号"同时进行的。三名宇航员是指令长康拉德，以及比恩，他们两人被指定进行月面活动；还有一位是戈登，他的任务是留在指令舱里，接应康拉德等。

1969 年 11 月 19 日美国东部时间凌晨 1 时 54 分（北京时间同日 14 时 54 分），由康拉德和比恩组成的第二批月球探险队，几乎是准确地在预选的地区安全降落，降落点位于风暴洋，距离 1967 年 9 月发射到月球上去的无人驾驶宇宙飞船"勘测者 3 号"很近。为了研究月球环境对"勘测者 3 号"的作用和影响，取得第一手资料，他们卸下了它的一些部件并带回地球。

知识小链接

"勘测者号"

"勘测者号"是美国为"阿波罗号"飞船登月作准备而发射的不载人月球探测器系列（见空间探测器）。它的主要任务是进行月面软着陆试验，探测月球并为"阿波罗号"飞船载人登月选择着陆点。

此外，他们还收集了 50 多千克的月球岩石和土壤标本，从获取地震信息的角度检查了这些月球岩石。他们留在月球上的仪器设备有"第一座核动力科学实验站"，期望它能在一段时间里，把观测和收集到的信息和数据，传回到地球上来。

"阿波罗 12 号"带回的标本，在用辐射计等检验之后，科学家们发现其中一块柠檬般大小的月岩的辐射强度异乎寻常的大。进一步的研究表明，这块浅灰表面、不甚透明的白色结晶和带深灰条纹的月岩，其所含的铀、钍和钾等元素，竟然比其余月岩要高出 20 倍。由此而得出的结论是，这块月岩的年龄大约是 46 亿年，即比已在地球上发现的岩石的年龄都大。科学家们进一步认为，它是在太阳和太阳系天体开始形成的时候，也产生和形成了。

这是个极有价值的发现，其意义在于说明了在过去极其漫长的历史阶段，月球表面经受的变化是很小很小的。

1971 年 7 月 26 日，"阿波罗 15 号"宇宙飞船发射成功，船组人员也是由三名宇航员组成，他们是斯科特（曾是"阿波罗 9 号"飞船船组成员）、欧文和沃登。斯科特和欧文乘坐的登月舱降落在雨海边缘、亚平宁山脉附近的一处叫哈德利沟的地方。沃登则一直滞留在绕月轨道的指令舱内，关注着登月舱的下降和上升，迎接斯科特等的归来。

此外，"阿波罗 15 号"第一次把一辆月球车带到了月球上。月球车重 200 多千克，靠蓄电池驱动。从它的模样和大小看起来，它很像是沙漠中的一个大甲虫。

由于装备上的改进，大大延长了宇航员们在月球上的停留时间。斯科特和欧文在月面的停留时间超过了 66 个小时。期间，他们 3 次走出登月舱，在月面上活动了 18 小时以上，为"阿波罗 14 号"宇航员舱外活动时间的 2 倍多。月球车使他们在月面上的活动更加方便，他们总共行驶了 28 千米，收集

"阿波罗 15 号"宇宙飞船登月

到各类岩石和土壤标本 70 多千克。

宇航员们在哈德利地区活动的成果是丰硕的，他们收集到的标本之多，是前所未有的。月球车上装有一套电视摄像设备，它使地球上的人们随着月球车的活动，与宇航员们一起经历月球上的颠簸、险境，和逼真地欣赏到月面绮丽景色。宇航员们在哈德利沟地区附近，惊人地发现月球土壤是由好些层构成的，在一处深挖 3 米的地方，竟可以分出 58 层。

"阿波罗 15 号"所获得的月震资料表明，在月球南半部第谷环形山以西、大致月面以下 900 来千米的深处，存在着一个震源。据推测，在那个深度，在一处袋形地区，集中着处于熔融状的岩浆，其直径至少有好几十千米，正是由于它的活动，产生出月震。

"阿波罗 17 号"宇宙飞船的发射，可以说是美国空间探测计划一个阶段的结束。这次肩负探测任务的三名宇航员是：塞尔南、伊文思和施密特。与塞尔南一起踏上月面的施密特，是位职业地质学家，也是对月面进行实地考察的第一位专业科学家。

"阿波罗 15 号"拍摄的月球表面

这最后的一艘飞船降落在澄海东南边缘附近的一处比较平坦的地方。这里是一处山谷中的平地，其南面是高 2 000 多米的山，北面的山较低，但也有 1 500 米左右。降落在静海里的第一艘载人登月飞船——"阿波罗 11 号"，就在它南面 700 多千米处。

"阿波罗 17 号"是在 1972 年 12 月 11 日发射的，5 天后抵达目的地。它也带了一辆月球车，是带到月球上去的第三辆月球车。这是一辆经过改进了的月球车，它可以用于记录月球表重力及其变化和测量月面的一些其他性质。宇航员们在月面的停留时间接近 75 小时，期间曾 3 次在登月舱外活动，每次都在 7 小时以上，使得在月面活动时间达到破纪录的 22 小时。宇航员们最远曾走到离降落点七千多米的地方。这也是前所未有的。月球车一共在月球上走了 37 千米的路程。

你知道吗

月 震

发生在月球上的地震叫月震。1969 年美国科学家乘阿波罗号飞船首次踏上了月球，在月球上架设了 5 台地震仪，能连续向地球发回月震记录资料，从此人类开始了月震观测与研究。

如果把比较完整的月球信息看作是一条锁链的话，那么在此之前的探测和研究，已经获悉了这条锁链的一些环节，但还缺少另外一些环节。"阿波罗 17 号"的主要任务就是去寻找和补齐这些环节。为了完成这项任务，飞船携带了一些新的装备并进行了一些更高级的实验项目。宇航员们利用各种新的手段探查了月面以下深处的地层情况，测量了月球的重力，根据月震记录研究了月球的"脉搏"，以及分析了大气中的气体成分。

"阿波罗 17 号"宇航员们在月球上的最有价值的发现之一，是月面的橘黄色土壤。有人认为这是由于火山爆发时喷出的挥发性气体以及氧化铁之类的物质。但进一步的检验发现，它的颜色主要来自它所含的 90% 以上的玻璃质，而并非来自铁。此外，月球土壤的年龄据测算约为 38 亿年，也许在此后的月球火山活动中，它只是没有结成板块而已。

1972 年 12 月 19 日，随着"阿波罗 17 号"飞船在南太平洋安全降落，宣告了史无前例的"阿波罗"探月计划的结束。从第一批宇航员登上月球到这次降落，总共历时 3 年半。不论从哪方面来看，整个探测工作仅仅只是开了个头，还只是"序曲"，大量的工作还等待着人们去做。对已经取得的大量资料进行分类、整理、编目、观察、分析、评价和再评价等，也许会使科学家们忙上好几十年。举个例子来说，从月球带回来的 381 千克岩石和土壤标本样品，只有一部分得到了充分的检验和研究。总而言之，要解决那么多的月球难题，还需要相当时间。

◎ 中国成功发射首颗绕月人造卫星

2007 年 10 月 24 日在西昌卫星发射中心，我国首颗绕月人造卫星——"嫦娥一号"月球探测卫星由"长征三号甲"运载火箭成功发射升空。运行在距月球表面 200 千米的圆形轨道上执行科学探测任务，我国成为世界第五个发射月球探测器的国家，圆了华夏赤子千年来的登月梦。

"嫦娥一号"奔向月球

"嫦娥一号"是我国自主研制并发射的首个月球探测器，主要用于获取月球表面三维影像、分析月球表面有关物质元素的分布特点、探测月壤厚度、探测地月空间环境等。

2007 年 11 月 26 日，"嫦娥一号"卫星传回了珍贵的第一幅月面图像。

2009 年 3 月 1 日 16 时 13 分，"嫦娥一号"卫星在控制下成功撞击月球。为我国月球探测的一期工程，画上了圆满句号。

"嫦娥一号"首次月球探测极为出色地完成了四大科学任务：

（1）获取月球表面三维立体影像，精细划分月球表面的基本构造和地貌单元，进行月球表面撞击坑形态、大小、分布、密度等的研究，为类地行星表面年龄的划分和早期演化历史研究提供基本数据，并为月面软着陆区选址和月球基地位置优选提供基

磁尾

由于太阳风的作用，背着太阳一面的地磁场伸展到非常远的地方，形成一个磁尾，其边界近似圆柱形。

磁尾由一束逆向平行的磁力线组成，中间由一个磁场强度近似为 0 的中性片分开。中性片两侧约 10 个地球半径的范围内，充满了密度较大的等离子体，这个区域称为等离子体片，其等效温度约为 1 千万度。等离子体的状态在这里变化较大，这与太阳风的性质有密切关系。

础资料等。

（2）分析月球表面有用元素含量和物质类型的分布特点，主要是勘察月球表面有开发利用价值的钛、铁等 14 种元素的含量和分布，绘制各元素的全月球分布图，月球岩石、矿物和地质学专题图等，发现各元素在月球表面的富集区，评估月球矿产资源的开发利用前景等。

（3）探测月球土壤厚度，即利用微波辐射技术，获取月球表面月球土壤的厚度数据，从而得到月球表面年龄及其分布，并在此基础上，估算核聚变发电燃料氦－3 的含量、资源分布及资源量等。

（4）探测地球至月球的空间环境。月球与地球平均距离为 38 万千米，处于地球磁场空间的远磁尾区域，卫星在此区域可探测太阳宇宙线高能粒子和太阳风等离子体，研究太阳风和月球以及地球磁场磁尾与月球的相互作用。

探测火星

在太阳系的八大行星中，火星和地球在许多地方十分相似：火星自转一周是 24.66 小时，昼夜只比地球上的一天多 40 分钟；火星自转倾斜角也和地球相近，所以火星上也有春、夏、秋、冬四季的气候变化；火星上还有大气层。

20 世纪 50 年代后，人类就开始了利用航天技术探测火星的努力。

◎ "水手号" 对火星的研究

1965 年 7 月 14 日，美国人发射的"水手 4 号"从离火星不到 1 万千米的地方掠过，第一次对它进行了近距离考察，并拍摄了 21 张照片。"水手 4 号"的考察结果表明，火星的大气密度不足地球的 1%。火星生命如果存在的话，生存环境看来要比地球上的艰难许多。

1969 年 2～3 月，"水手 6 号"和"水手 7 号"向火星进发，从距火星

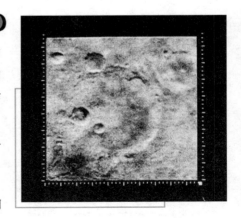

"水手 4 号"飞船拍摄的火星表面

3 200千米处传回了200帧照片。照片的清晰度大大增加。为了彻底弄清火星的全貌，1971年11月13日，"水手9号"驶入了环火星轨道，成为第一颗环绕另一颗行星的人造天体。

知识小链接

人造天体

人造天体，是在宇宙空间里，基本上按照天体力学规律运行的各种人造物体。天文学中将宇宙间的各种星体统称为天体，并将天体分为自然天体和人造天体两类。人造天体包括航天器和空间垃圾。空间垃圾包括废弃的航天器、运载火箭末级残体和碎片等。

然而就在"水手9号"驶向火星的过程中，火星上发生了大规模的尘暴，这场持续了几个月的尘暴扼杀了随后赶到的两颗前苏联火星探测器"火星2号"和"火星3号"。它们在1971年11月27日和12月2日投下的装置在工作了20秒之后就音信全无，仅仅传回了半张灰蒙蒙的照片。

"水手9号"躲过了火星尘暴的灾难。1971年12月，它传回来的第一幅火星照片就给持"运河说"的人以致命的一击：火星上根本不存在什么运河，人们看到的只是火星风形成的沙粒带状条纹，就如同我们在沙漠里看到的一样。

令那些支持"火星生命说"的人松了一口气的是，"水手9号"在火星上发现了许多干涸的河床，其中有的长达1 500千米，宽2 130千米，这证明在火星上可能曾经存在过液态的水。只要有液态水，火星上的生命就有希望。

◎ "火星探路者"

1996年12月，美国发射"火星探路者"探测器。"探路者号"的四个主要目的是：了解地形特征，选择人类登临的着陆点，观测火星上的各种变迁，仔细探寻生命的痕迹。

1997年7月4日，"火星探路者"经过7个月的旅行，行程4.94亿千米，终于来到火星，并成功地在火星上的阿瑞斯平原着陆。这是自"海盗号"以后，人类再次把航天器送入火星表面，也是美国航天局跨世纪的一连串火星轨道和着陆探测计划的开始。

"探路者号"登陆的场面非常热闹，而且从那样高的地方投下去，探测器受到的冲击力仅为50克，的确令人叹服。但大家关注更多的是火星车。这个60厘米×45厘米×30厘米的小家伙里包括1台计算机、70个传感器、5个激光测距仪和由3套摄像机组成的立体视镜系统，带有自动导航和前后轮独立转向系统，同时还有发动机、X射线仪和其他分析仪

"火星探路者"探测器正在对火星表面进行勘探

器，其精巧程度可见一斑。它要迈上一定的坡度，跨过岩石和深沟，还要屏蔽火星土壤的强磁性干扰。在背向地球时，它必须有能力独立使用X光分析仪和测距仪。这一切的难度都非常高。

拓展阅读

传感器

传感器是一种物理装置或生物器官，能够探测、感受外界的信号、物理条件（如光、热、湿度）或化学组成（如烟雾），并将探知的信息传递给其他装置或器官。

"火星探路者"携带了一辆叫"漫游者"的六轮小跑车。"漫游者"在着陆器着陆后的第二天"走"下着陆器，开始对选定的目标进行研究。在以后的90天里，"火星探路者"共向人类发回了1.6万张照片。

1996年8月6日，美国航宇局宣称，科学家们从一块来自火星的陨石上发现了可证明火星上曾经存在生命的化学物质。部分专家认为，在这块来自火星、年龄40亿~45亿年的陨石ALH84001上，含有某些与生命现象有关的特殊化学物质。此举在全球引起了轩然大波，各国学者议论纷纷，连诺贝尔奖金获得者德迪韦也参加了这一世界性大辩论，他说："仅仅是从一块被认为可能来自火星的陨石中发现有机物并不能证明火星上曾存在生命。"英国天

文学家希尔甚至怀疑这块石头是否真的来自火星，他说："只有当飞船在火星上着陆取回试样并发现生命的踪迹后，才能得出正确的结论。"我国科学家也参加了这一大讨论，并且意见不一。

◎ 被送入火星的第一个轨道器

1996 年 11 月，美国发射"火星全球勘探者"飞船。"火星全球勘探者"在 1997 年 9 月进入火星轨道，这是人类成功地送入火星的第一个轨道器。

"火星全球勘探者"探测器在环绕火星的轨道上飞行时勘探其地质特征，这也许能帮助人们找到 ALH84001 陨石的地理渊源。它经过 10 个月的旅行抵达绕火星飞行的轨道，绘制火星地形图、分析火星大气成分和记录火星大气变化的情况，完成 1992 年升空的"火星观察者"探测器未完成的任务。"火星观察者"探测器原定 1993 年 8 月 24 自到达火星轨道，但 1993 年 8 月 21 日突然与地面失去联系。

◎ "火星－96"

1996 年 11 月俄罗斯发射了"火星－96"探测器，它被称为射向火星的"炸弹"，10 个月以后运入火星轨道。此后分为 3 个部分，一部分留在火星轨道上拍摄火星表面，考察火星大气层的成分和温度；另一部分是向火星表面释放 2 个着陆站，用以记录火星表面几米高度内的大气温度、湿度和风速等情况；第三部分是 2 个能刺入火星土壤的"炸弹"式锥形穿入器，用于分析火星土壤成分和探测火星地震情况。

"火星全球勘探者"探测器

"炸弹"式穿入器能扎入火星地下 4 ~ 6 米（视土层硬度而言）。它有一人高，呈长形，头尖，头部用超硬度材料制成，装有高灵敏度和高精度仪器，能在 80 千米/时速度下落时完好无损地穿入火星表面，发挥正常的探测作用。当然，这花费了科学家很多心血才研制成功。其重任是确定火星土的成分及其物理机械性能和磁性，为的是了解火星的演变过程、它的过去，并预测未来。尤其是考察火星上有没有水源和水质如何，从而最终找到火星上有没有生命这一重要线索。

"火星－96"探测器起飞重量为 6 580 千克，轨道器重 650 千克，两着陆器各重 50 千克。着陆器和穿入器所获信息通过无线电把信息传到轨道站，然后转送到地球。这个"三级"探索系统将对火星表面详细拍摄，在不同的光谱区考察，研究大气的结构和变化情况，分析火星土壤。它是对美国"火星全球勘探者"和"火星探路者"的研究加以补充。

除了美、俄以外，欧空局也在研制 3～4 个各重 79.5 千克的半软着陆的火星探测器，准备参加美国的"火星环境调查网络"计划。其探测器采用铝质材料，本体是一个直径 903 毫米的圆筒，周围装有 5 条用于着陆的炭纤维增强塑料制的"腿"。本体上除有太阳电池、摄像机和天线外，还装了气象观测装置和测试磁场用的展开杆。当探测器进入火星大气时先张开降落伞减速，落地时伸出五条"腿"，以吸收着陆时的冲击力。

基本小知识

太阳电池

太阳电池是可以有效吸收太阳能，并将其转化成电能的半导体部件。用半导体硅、硒等材料将太阳的光能变成电能的器件。具有可靠性高，寿命长，转换效率高等优点，可做人造卫星、航标灯、晶体管收音机等的电源。

2001 年，美国国家航空航天局发射了"奥德赛号"火星探测卫星，主要是寻找水与火山活动的迹象。

2005 年，美国又发射发一颗火星勘测轨道飞行器。2007 年，美国又把"凤凰号"火星探测器送上了火星，对火星土壤进行挖掘取样。

除美国外，其他国家也在积极筹划火星探测活动，火星探测活动正如火如荼地进行着。

探测土星

　　土星有一个美丽的光环，这使得它在太阳系中十分引人瞩目。土星的大气成分复杂，赤道附近的风速超过500米/秒。土星有 20 多颗天然卫星，人们最感兴趣的是土卫六，它是土星最大的一颗卫星，还有一个名字叫"泰坦"（希腊神话中的大力神）。"泰坦"的引人注意之处不仅因为它的个头大，更重要的是它是太阳系中除了地球之外唯一具有稠密氮气大气层的天体。科学家猜测，"泰坦"上有海洋，海洋中含有有机物质，和原始的地球十分相似。如果能探测到"泰坦"上存在合成大分子有机物，就可以推测地球生命的诞生过程。

"卡西尼号"探测器

　　人类探测土星的使命，交给了"卡西尼号"土星探测器。1997 年 10 月 15 日，美国成功发射了"卡西尼号"大型行星探测器，这是 20 世纪人类耗资最大的空间计划之一。

知识小链接

"卡西尼号"

　　"卡西尼号"是"卡西尼—惠更斯号"的一个组成部分。"卡西尼—惠更斯号"是美国国家航空航天局、欧洲航天局和意大利航天局的一个合作项目，主要任务是对土星系进行空间探测。"卡西尼号"探测器以意大利出生的法国天文学家卡西尼的名字命名，其任务是环绕土星飞行，对土星及其大气、光环、卫星和磁场进行深入考察。

　　由于土星距离地球非常遥远，有 8.2～10.2 天文单位，所以，即使使用当时推力最大的火箭，也无法把质量为 6.4 吨的"卡西尼号"加速到可以飞到土星的速度。

于是，科学家巧妙地为"卡西尼号"设计了借助金星、地球和木星之间的引力，接力加速奔向土星的旅程。这样一来，"卡西尼号"的行程将增加到 32 亿千米，历时 7 年。1998 年 4 月，"卡西尼号"绕过金星，在金星引力的作用下，加速并改变方向；1999 年 6 月，它再次飞过金星，利用金星引力进一步加速，向地球奔来；1999 年 8 月，"卡西尼号"掠过地球，借助地球引力加速飞向木星；2001 年 1 月，"卡西尼号"从木星那里进行最后一次借力加速后，直奔土星。两次金星借力，一次地球借力，一次木星借力，这样的飞行轨道安排就是著名的"VVEJ 飞行"，这里的"V"、"E"、"J"分别是金星、地球、木星英文单词的首写字母。"VVEJ 飞行"可以使"卡西尼号"的土星之旅节省 77 吨燃料，这相当于"卡西尼号"总质量的 10 倍。

广角镜

轨道器

轨道器是指往来于航天站与空间基地之间的载人或无人飞船。它的主要用途是更换、修理航天站上的仪器设备。补给消耗品，从航天站取回资料和空间加工的产品等。由于它专门来往于各个空间站，又被称为"太空拖船"。

1997 年 10 月 15 日，美国肯尼迪航天中心，探测器"卡西尼号"由"大力神－4B"火箭托举，呼啸着向太空飞去，开始了历时 7 年、行程 35 亿千米的土星之旅。

在此之前，"先驱者 11 号"和"旅行者 1、2 号"曾于 20 世纪 70 和 80 年代在土星附近飞过，它们拍到了土星表面及土星环的情况。"哈勃"望远镜也提供过出色的土星图像。但它们都只是浮光掠影，对土星没有进行细致地考察，更未能揭示出人们最感兴趣的土卫六云层下的世界。因此，美国航宇局与欧空局和意大利航天局联手，研制了这艘迄今最大、最先进的行星际探测器，并且将之命名为"卡西尼号"，以纪念发现了土星环之间最宽黑缝的天文学家卡西尼。

2004 年 7 月，"卡西尼号"抵达土星轨道后，轨道器环绕土星考察 4 年，总共飞行 74 圈，并有 45 次飞近土卫六。而几个月后"惠更斯"探测器从轨道器分离出去，进入土卫六进行探测。"惠更斯"子探测器是一个直径 2.7 米的碟形物体，质量为 343 千克，它利用降落伞在土卫六表面着陆。在 2.5 小时的降落过程中，将用所带仪器分析土卫六大气成分，测量风速和探测大气层内的悬浮粒子，并在着陆后维持工作状态1小时。所搜集到的数据及拍摄的图片将通过“卡西尼”轨道器传送回地球。

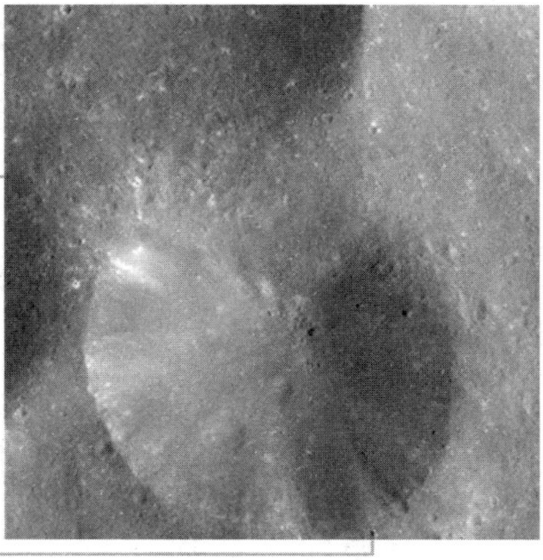

“卡西尼号”探测器拍摄的土卫九表面

由于路途迢迢，“卡西尼”探测器携带的主燃料罐装有3 000千克的燃料，以满足两台二元推进三发动机的需要，另有142千克肼燃料供给16个小型反作用力推进器。这些小推进器用于控制航天器的飞行方向和微调飞行路线。另外，“卡西尼号”需考察土星4年，为了保证各种科学仪器的能量供给，“卡西尼号”上还载有32.7千克的钚-238核燃料，是迄今携带核燃料最多的航天器。因为钚-238具有高放射性，许多科学家曾担心一旦发射失败，它会对地面造成严重的核污染。而且，有的专家担心它1999年再飞回地球近旁时会发生泄漏，污染地球大气层。支持采用核动力的人认为泄漏的概率为百万分之一，即使泄漏，量也很少，所造成的核辐射微不足道。所以，“卡西尼号”的发射对支持者和反对者来说都是非常紧张的时刻。

“卡西尼号”土星探测器实现了环绕土星运行轨道飞行的计划，并发回了一组关于土卫六“泰坦号”的最新、最清晰的照片。科学家们对此进行了研究。

科学家们发现，除了一片特别炫目的云外，“泰坦号”的天空几乎没有一丝云的痕迹。这片特别炫目的云面积跟美国的亚利桑那州大小差不多，位于“泰坦号”的南极，在土星的夏季，这里一天都可以得到光线的照射。这块罕见的云需要四五个小时才能形成，类似于地球上夏季出现的堆积云。但“泰坦号”上的云层主要由甲烷组成，而不是主要由水组成。

“卡西尼号”探测器还通过分光计拍到了“泰坦号”的一些照片，分光计的波长从可见到红外线光不等。照片显示，土卫六表面到处分布着冰块和碳氢化合物。

科学家们还发现，位于土星光环之间的卡西尼缝充满了灰尘，这是迄今所发现的土星的最外层光环。就是这层光环，每秒可引发 680 次土星物质间的碰撞，也就是说，每秒可给土星留下 10 万个左右的大小土坑。

探索木星

木星是太阳系中最大的一颗行星，数百年来人类一直关注着木星，长期的观测使人们对木星有了初步了解：如木星是个椭球体，其表面有与赤道平行的或明或暗的条纹，没有高山和陆地，只是液态氢的"海洋"；环绕木星的光环，远不如土星那样美丽；在木星周围有四大卫星等。尽管如此，还是有许多疑点得不到解答，如云为什么是黄色的？木星大气层的成分是什么？木星雷电的成因是否与地球雷电的成因相同？作为行星的木星为什么会从其内部发出能量？著名的木星大红斑的本质是什么？为什么木卫一有那么活跃的火山爆发？

为了使人类进一步了解木星，近几十年来人类已向木星发射了"先驱者10 号"（1973 年）、"先驱者 11 号"（1974 年）、"旅行者 1 号"和"旅行者 2号"（1979 年）共 4 颗航天器。它们从木星周围飞过，考察了木星和它的卫星，发回了许多宝贵的图像和测量资料。但由于木星大气层的掩盖，有关它的许多问题仍是个谜。要想回答这些问题，必须进入木星大气层内进行探测。为了对木星有更深入的了解，获得更丰富的资料，美国国家航宇局研制了更先进的"伽利略"探测器，它由轨道飞行器和木星大气探测器两大部分组成。"伽利略"轨道飞行器的主要任务有：①接收并储存木星大气探测器测定的木星大气的温度、压力、

拓展阅读

分光仪

分光仪又称光谱仪，是进行光谱分析和光谱测量的仪器，是将复色光分离成光谱的光学仪器。分光仪利用各种原理可以将一束混合光分成多束纯光，一般用于光谱分析。

成分等物理量以及它们随高度变化的情况，然后将信息发送回地球的测控中心。②在今后两年内，环绕木星飞行 11 圈，对木星大量卫星及其周围环境进行近距离考察，在环绕木星运行的轨道飞行器上装有多种先进设备，固体摄像机、紫外分光仪等遥感设备可以获得木星及其卫星的详细图像，分析木星表面物质的化学成分、大气组成和来自木星表面的辐射能；磁力计和尘埃计数器则可监测木星周围环境，了解木星磁层和辐射带的结构及木星周围尘埃的分布情况。在木星大气探测器上装有许多观测仪，以测量和研究木星大气的化学成分、温度、压力、云的高度、能量的传递、由雷引起的发光放电现象。

耗费 13.5 亿美元的 '伽利略号" 探测器计划开始于 1977 年，经过 12 年的开发研制，终于在 1989 年 10 月由"亚特兰蒂斯号"航天飞机将 "伽利略号" 探测器送入太空。"伽利略号"探测器在到达木星前对其他星球进行了大量的探测活动。包括对地球和月球的大量探测。按原计划，该探测器将直接飞往木星，行程只需两年，后

"伽利略号"探测器对木星展开探测

来因故改变了计划。"伽利略号"探测器离开地球后，首先向太阳飞去，1990 年与金星相遇，被加速后沿更大的绕日轨道飞行，同年 12 月首次飞过地球，受地球重力影响，其飞行速度增加到 14 万千米/时以上。在这期间，"伽利略号"探测器拍摄了金星、地球、月球的图像。在随后飞往木星的途中，于 1991 年 10 月和 1993 年 8 月分别从 95 号小行星"伽斯帕拉"和 243 号小行星"艾达"附近飞过，距离"伽斯帕拉"星是 1 800 千米，距离"艾达"星是 2 400 千米，首次取得小行星的特写图像，并发现小行星"艾达"也有自己的卫星。1994 年 7 月，"伽利略号"探测器直接观测了"苏梅克—列维 9 号"彗星撞击木星的情况，并把它记录了下来。1995 年 1 月，"伽利略号"探测器发回了完整的"苏梅克—列维 9 号"彗星的观测图像，其中包括 W 碎片冲击的部分时序图像，这一冲击持续了 26 秒。地面工作人员还收到了从光偏振辐射仪、红外测试仪、紫外测试仪得到的 R 碎片冲击数据，并对此加以分析。

"伽利略号"探测器在经过大约 36 亿千米，长达 6 年多的空间旅行后，于 1995 年 7 月到达木星轨道，随后释放的木星大气探测器以预定的角度进入木星大气层，顺利完成了飞向木星的艰难任务，同时，轨道飞行器开始了对木星为期两年的探测活动。

　　"伽利略号"探测器向木星发射的木星大气探测器重 339 千克，于 1995 年 12 月 7 日飞进环境恶劣、飞速旋转的木星大气层，执行一次有去无回的探测任务，首次实现了人类对外太阳系大行星的实地大气测量。木星大气探测器以高于 17 万千米/时的速度冲入木星大气层，减速度力相当于地球重力强度的 230 倍。在减速过程中，一个热防护罩保护了探测器的科学仪器，其后，一个巨大的降落伞打开以保障探测器缓慢而受控下降。虽然大气探测器在木星云端下方 130～160 千米运行，但仅能探测到木星大气层上部很小一部分。

该探测器的任务是探测稀薄而炽热的大气层的 $\frac{1}{5}$ 处。在木星大气层更深处，温度和压力变化太大，影响仪器的正常工作。在 130 千米的深处，大气压力超过地球压力的 20 倍，尽管仪器设计得很先进，但不得不向恶劣环境屈服。美国国家航宇局证实，该探测器在向木星大气层内下降约 640 千米，在被 20 倍于地球大气压力的木星大气压力摧毁之前，向地球传送了大约 57 分钟的数据（比预计的时间缩短了 18 分钟）。首先它把获得的数据传送到位于其上方 20 多万千米的轨道飞行器上储存，然后传送回地球。与此同时，轨道飞行器已进入环绕木星的椭圆轨道。

基本
小知识

降落伞

　　降落伞主要由透气的柔性织物制成并可折叠包装在伞包或伞箱内，工作时相对于空气运动，充气展开，使人或物体减速、稳定的一种气动力减速器。降落伞是利用空气阻力，依靠相对于空气运动充气展开的可展式气动力减速器，使人或物从空中安全降落到地面的一种航空工具。

　　12 月 7 日，在木星大气探测器进入木星大气层的同时，轨道飞行器则飞过多火山的木卫一，并抓拍了被认为是最清晰的图像。和我们熟悉的月球一样，木卫一被数百个连续向外喷发火山喷射物的火山口所覆盖，据分析，这些火山喷发物每一百年可将木卫一覆盖一遍。一部分火山喷发物被强有力的木星磁场所捕获。令人惊异的是，木卫一火山喷发产生的是充满等离子气体环的被电离的材料。等离子气体环是木星磁场的一个小的组成部分，木卫一特有的橘黄色来自硫；那么木卫一的火山是如何喷发的呢？它们的化学成分是什么？它们喷发的频率如何？木卫一的壳体是厚还是薄呢？它对火山喷发起什么作用？科学家希望利用"伽利略号"探测器获得的资料来回答这些问题。1995 年 12 月 7 日，轨道飞行器与木卫一实现了唯一一次近距离交会，这是因为木卫一处于木星的辐射带内，强烈的射线环境对航天器的电子设备是有影响的，使其不可能第二次在严重的木星辐射环境下通过木卫一轨道。

"伽利略号"探测器正在绕木星飞行

轨道飞行器还花费了若干天时间深入到木星的辐射带。"伽利略号"探测器的工程师们一直非常关注该辐射带对航天器的影响。该辐射带是由高速运行的带电粒子组成，并处于木卫一轨道附近，它的能量足以致人于死地。

知识小链接

木卫一

　　木卫一，即艾奥，是木星的四颗伽利略卫星中最靠近木星的一颗卫星，它的直径 3 642 千米，是太阳系第四大的卫星。它的名字来自众神之王宙斯的恋人之一，艾奥是希拉的女祭司。

美国宇航局的科学家们在 1995 年 12 月 10 日收到"伽利略号"轨道飞行器从 37 亿千米以外的太空发回的第一批木星数据，使人类第一次有机会看到庞大的木星的特写照片。科学家们根据发回的数据首次测定这颗巨大星球的大气层特性，如大气构成、气候和大气形式等。"伽利略号"轨道飞行器第一次向地球发回总共 57 分钟的探测数据，这些数据的传输一直持续到 1995 年

12 月 13 日。57 分钟的数据，地面接收站直到 1996 年 2 月才全部收回。

经过对"伽利略号"轨道飞行器发回的最初数据进行的初步分析表明，木星大气结构与过去科学家们预想的有很大不同，科学家们已经有了一系列新的发现，这些发现正在促使科学家们重新考虑木星形成理论和行星演变过程的特性。这些新发现包括：

（1）探测器经过的木星大气层区域比预想的要干燥，与 1979 年从木星飞过的"旅行者号"航天器发回的数据所作的推测相比，水含量要少得多。

（2）探测器的仪器发现，虽然个别雷电的能量比地球上类似的雷电能量大 10 倍，但总的来说，在木星上的雷电量是地球上同样大小区域发生雷电量的 $\frac{1}{10}$。

（3）探测器对木星南端的大气层进行了探测，并未发现多数研究者一直认定的三层云结构，而仅仅是有一个特殊的云层（按地球的标准说就是稀薄的云层）被观察到。该云层可能是含氨和硫化氢的云层。

（4）最有意义的是，在木星大气层中氦和氢的含量比例已和太阳相当，这说明，自木星数十亿年前形成以来，基本成分没有改变。在行星演化理论中，氦与氢质量之比是一个关键要素。对太阳而言，氦值约为 25%，对探测器氦含量监测仪得到的结果进行的更全面的分析，已经把木星的这一数值提高到 24%。"伽利略号"探测器项目科学家里查德·扬说，被改变的氦含量意味着，重力引起的朝向内部的氦沉积并不像在土星上发生的那样快。

（5）木星大气探测器在穿过稠密的木星大气层时探测到极强的风和强烈的湍流，木星风的位置始终比探测到的云层要低。这就为科学家们提供了证据，说明驱动木星大量的有特色的环流现象的能源可能来自这颗行星内部释放的热流，而不是像过去预想的是照射木星上层大气的阳光，或者是位于木星大气层中部的水蒸气引起的化学反应产生的热能。据科学家分析，在木星上，天气的影响范围也许不止在木星表面，在热力驱动下，风从这颗行星的云端一直刮到它充满气体、翻滚搅动的表面下 16 000 千米处。木星风即使在云层下 161 千米处（这是探测器所能探测的最深处）速度也超过 644 千米/时。

（6）探测器还发现了一个新的强辐射带，大约在木星云层上方 5 万多千米没有雷电的地方。在探测器高速进入木星大气层阶段，对大气层上部进行的测量结果显示，大气密度比期望的要大，相应的温度也比预先估计的要高。

"伽利略号"轨道飞行器于 1997 年 12 月 7 日向地球发回最后的信号，然后飞进木星大气层被烧毁。

探测彗星

太阳系里的彗星，大部分在远离太阳的极其寒冷的地方出没。彗星上保存着太阳系形成早期的最原始的物质，可是，彗星究竟是由什么物质组成的，我们对此只有猜测而不能下定论。

为了采集彗星的原始物质，1999 年 2 月，美国航天局派出了"星尘号"探测器，它在 2004 年与一个叫"怀尔德 2 号"的彗星相遇。"星尘号"探测器是一个质量达 385 千克的机器人，在地球引力的帮助下，它穿越 4.8 千米的彗星轨道平面和彗星相遇。在相遇之时，"星尘号"伸出一只用气凝胶构成的巨型"手套"，从彗尾处收

"星辰号"探测器

集星体物质，把它装在返回舱里，带回地面。这是人类第一次从地月系统外收集到天体标本。

与此同时，一项更加激动人心的探测并登陆彗星的计划也开始酝酿。

一位名叫布莱思·缪尔黑德的美国科学家，有这样一个奇思妙想，他准备派遣一个叫"深空 4 号"的探测器，在距地球几亿千米外的一颗名叫"坦普尔 1 号"的彗星上登陆。

"坦普尔 1 号"彗星每隔 5 年半绕太阳一周，它的轨道直径大约是 6 千米。尽管科学家相信彗星是由冰和尘埃组成的，可是在没有采集到彗星的实样以前，总是一个未知数。科学家设想，彗星表面的质地在棉絮和混凝土之间，因此为登陆器设计了一个类似渔叉的装置。如果彗星的表面坚硬，"渔叉"就锚定在它的表面；如果彗星表面柔软，"渔叉"就会完全陷入彗星表面，然后展开一把小小的金属伞，以便固定在那里。

"深空4号"于2003年4月发射升空。在发射2年半以后，探测器与"坦普尔1号"彗星相会。然后，在彗星的周围逗留115天，寻找登陆点。

"星尘号"探测器的取样和"深空4号"探测器的登陆，谱写了人类探测彗星的新篇章。目前探测工作正在进行中。

2005年7月4日，美国宇航局的"深度撞击"探测器对"坦普尔1号"彗星进行轰炸性探测，然而，"深度撞击"探测器在完成轰炸后由于受到爆炸激起的大量尘埃和彗星碎片的干扰，没有拍摄到所炸出的弹坑的详细照片。后来，当爆炸尘埃和烟雾消散时，探测器却已经远离了"坦普尔1号"彗星。科学家们没有放弃研究，继续计划对彗星的探测。

趣味点击　机器人

机器人是自动执行工作的机器装置。它既可以接受人类指挥，又可以运行预先编排的程序，也可以根据以人工智能技术制定的原则纲领行动。它的任务是协助或取代人类的工作，涉及生产业、建筑业或是危险的工作等。

▶ 彗星撞击木星

1993年3月，美国天文学家苏梅克夫妇和利维发现了一个特殊的彗星，命名为"苏梅克—利维9号"彗星。这个彗星原是一个整体，发现时早已破裂成20多个碎块，成一字排开，首尾延伸16万千米以上，有人形象地称它为"彗星列车"，或称它是挂在太阳系脖子上的一串"项链"。发现彗星2个月之后，美国哈佛—史密松天体物理中心的天文

彗星撞木星景观（计算机模拟）

学家就做出了预报："苏梅克—利维9号"彗星由于碎裂而改变了原来的运行轨道，朝着木星的方向飞奔而去，会在1994年7月的下半月接连撞击木星。

前所未闻的特殊天象，一下子引起了全球的轰动，各国各界人士都在期待着一睹这千载难逢的宇宙奇观。1994年7月17～22日，"苏梅克—利维9号"彗星与木星相撞，共撞击12次，撞击点18个，彗星以自身毁灭为代价，在整个撞击过程中释放的全部能量大约相当于40万亿吨梯恩梯炸药（三硝基甲苯）的能量。

基本小知识

炸　药

在一定能量作用下，无需外界供氧时，能够发生快速化学反应，生成大量的热和气体产物的物质。单一化合物的炸药称"单质炸药"，两种或两种以上物质组成的炸药称"混合炸药"。

对彗星撞击木星事件的观测，意义是非常深远的，一方面它帮助我们进一步认识木星；更重要的一方面是它提醒我们，地球也面临着会发生这类碰撞的威胁，人类应该采取及时的、有效的对策和措施。